认识我们
身边的水能

★ ★ ★ ★ ★

王 宇◎编著

在未知领域　我们努力探索
在已知领域　我们重新发现

延边大学出版社

图书在版编目（CIP）数据

认识我们身边的水能 / 王宇编著 . —延吉：
延边大学出版社，2012.4（2021.1 重印）
ISBN 978-7-5634-2851-9

Ⅰ.①认… Ⅱ.①王… Ⅲ.①水能—青年读物
②水能—少年读物 Ⅳ.① TK71-49

中国版本图书馆 CIP 数据核字 (2012) 第 051760 号

认识我们身边的水能

————————————————————————

编　　　著：王　宇
责 任 编 辑：林景浩
封 面 设 计：映象视觉
出 版 发 行：延边大学出版社
社　　　址：吉林省延吉市公园路 977 号　　邮编：133002
网　　　址：http://www.ydcbs.com　　E-mail：ydcbs@ydcbs.com
电　　　话：0433-2732435　　传真：0433-2732434
发行部电话：0433-2732442　　传真：0433-2733056
印　　　刷：唐山新苑印务有限公司
开　　　本：16K　690×960 毫米
印　　　张：10 印张
字　　　数：120 千字
版　　　次：2012 年 4 月第 1 版
印　　　次：2021 年 1 月第 3 次印刷
书　　　号：ISBN 978-7-5634-2851-9

————————————————————————

定　　　价：29.80 元

前 言 ●●●●●●
Foreword

　　你知道吗？我们平时每天都要用到的水除了能供我们吃喝洗漱之外，竟然还能用来发电！而且早在数千年之前，古人们就已经懂得使用水车能够省力了。后来随着人类的不断演变和科技的不断进步，人们从水中发现了越来越多的秘密！

　　本书是一本能够让你深入地认识水能源的趣味科普书，这本书介绍了许多关于水能的知识，包括过去与未来我们怎么利用这种奇妙的能源。本书不仅内容丰富多面，而且配有大量精美的图画和照片。从水的来源讲起，以及水的文化内涵，人类是如何利用的……一直讲到利用水能源来进行发电。

　　究竟海洋中存在哪些神秘的能量？潮汐堰和水电坝又是如何将水

能转化为电能的？我们如何从洋流中获得能量？这一切一切的答案全都藏在这本书里。在这个关于水能的神奇世界里面，你能够了解到一切你想知道的事情。现在，赶快和我们一起来探索神奇的蓝色世界吧！

 目录 CONTENTS

第❶章

人类不可缺少的资源——水资源

第❷章

认识我们身边的水能

第❸章

水能——河流能源

第❹章

水能——海洋能

第❺章

什么是水力发电？

人

RENLEIBUKEQUESHAODEZIYUAN——SHUIZIYUAN

第一章

类不可缺少的资源——水资源

　　水资源是大自然赐予人类的甘露，也是发展国民经济不可缺少的重要自然资源。然而经过世世代代的利用，水资源如今已经越来越少。而且在世界上的许多地方还出现了对水的需求超过水资源所能负荷的程度，同时还有许多地区也濒临水资源利用之不平衡的状态。所以，我们要节约用水，不要浪费水资源，让我们的地球家园更美丽。

认识我们身边的水能

水从哪里来的

Shui Cong Na Li Lai De

翻转地球仪会发现，地球上大部分都是由海洋组成的，并且通过科学家在太空中看地球发现，地球其实是一个椭圆形且极为秀丽的蔚蓝色球体。是的，地球上的大部分地区都是水，它是地球表面数量最多的天然物质，覆盖了地球 71% 以上的表面。因此，地球也是一个名副其实的大水球。

我们知道，海洋的面积占地球表面的 71%，如果将海洋中所有的水均匀地铺盖在地球表面，地球表面就会形成一个厚度 2700 米的水圈。所以，许

※ 地球像个大水球

多人都说地球的名字起错了，应该叫做"水球"。面对地球上都是水的结论，会有许多人都问：地球上的水来自哪里呢？是地球本身就有水吗？

面对这些问题，早在以前科学家就认为，水的来源是从太空和地球内部中流出来的。而水从太空来到地球有两个途径：一是落在地球上的陨石，二是来自太阳的质子形成的水分子。然而，美国科学家最近提出一个令人瞩目的新理论：地球上的水是来自太空由冰组成的彗星所致。

科学家还发现，地球表面的水也会向太空流失，其原因是大气中水蒸气分子在太阳紫外线的作用下，分解成氢原子和氧原子，而当氢原子到达 80～100 千米气体稀薄的高热层中，氢原子的运动速度会超过宇宙速度，所以它会脱离大气层而进入太空并消失。科学家推算飞离地球表面的水量与进入地球表面的水量大致相等。但地质科学家发现 2 万年来世界海洋的水位涨高了大约 100 米，所以，地球表面水量不断增多就成难解之谜。直到最近，美国衣阿华大学研究小组的科学家从人造卫星发回的数千张地球

大气紫外辐射图像中发现：如圆盘形状的地球图像上总有一些小黑斑。每个小黑斑大约都会存在 2～3 分钟，面积约有 2000 平方千米。经过科学家研究分析，这些斑点是由一些看不见的冰块组成的小彗星冲入地球大气层，破裂和融化成水蒸气造成的。科学家估计，每分钟大约有 20 颗平均直径为 10 米的冰状小彗星进入地球大

※ 水

气层，每颗小彗星都会释放约 100 吨水。自地球形成至今大约已有 38 亿年的历史，由于这些小彗星不断供给水分，才使得地球得以形成今天这样庞大的水位。

在太阳系八大行星之中唯一被液体所覆盖的星球就是地球，地球上水的起源在学术上存在很大的分歧，目前有几十种不同的水形成学说。有观点认为，在地球形成初期，原始大气中的氢、氧化合成水，水蒸气逐步凝结下来并形成海洋；也有观点认为，形成地球的星云物质中原先就存在水的成分。另外的观点认为，原始地壳中硅酸盐等物质受火山影响而发生反应、析出水分。也有观点认为，被地球吸引的彗星和陨石是地球上水的主要来源，甚至现在地球上的水还在不断增加。

◎海洋形成之谜

以上的结论只是科学家推测的，地球上的水到底是怎么来的还未确定。其实问地球上的水来自哪里就是在问海洋是如何形成的呢？面对这些问题，直到今天，科学界一直存在着不同的看法。

第一种说法是：地球的形成是在大约在 50 亿～55 亿年前，由于云状宇宙微粒和气态物质聚集在一起而形成的，并且最原始的地球，既无大气，也无海洋，是一个没有生命的世界。然后，在地球形成后的最初几亿年里，由于地壳较薄，加上小天体不断轰击地球表面，地幔里的熔融岩浆易于上涌喷出，因此，那时的地球到处是一片火海，随同岩浆喷出的还有大量的水蒸气、二氧化碳，这些气体上升到空中并将地球笼罩起来，而水蒸气形成云层，产生降雨，经过很长时间的降雨，在原始地壳低洼处，不

断积水，然后就形成了最原始的海洋。而且科学家还估计，原始的海洋海水并不多，约为今天海水量的 1/10；另外，原始海洋的海水只是略带咸味，后来盐分才逐渐增多。经过水量和盐分的逐渐增加，以及地质历史的沧桑巨变，原始的海洋才逐渐形成如今的海洋。

※ 海洋是从哪来的

第二种说法是：海水来自冰彗星雨，这种假说是由美国科学家提出的，这一理论是根据卫星提供的某些资料而得出的。1987 年科学家从卫星获得高清晰度的照片。在对这张照片进行分析的时候，发现一些过去从未见过的黑斑，或者说是"洞穴"。对于这些"洞穴"，科学家认为，这是由冰彗星造成的，而且初步判断，冰彗星的直径多在 20 千米，而大量的冰彗星又进入地球大气层，所以，经过数亿年，或者更长的时间，地球表面将会得到非常多的水，于是就形成今天的海洋。

关于对水的起源的认识存有很大的分歧，目前约有 32 种关于水的形成的学说。这里简述几种主要学说。一种学说认为，在地球形成之前的初始物质中存在一种 H_2O 分子的原始星云，类似于现在平均含水 0.5% 的陨石，地球形成后降到地球上，从而使地球上有了水。另一种学说认为，在地球形成后才有形成水的原始元素（氢和氧），氢与氧在适宜的条件下化合，生成羟。羟基再经过复杂的变化最后形成水。

荷兰的天文学家奥特认为：地球上的主要水源是从我们这颗行星的内部的岩石圈上地幔而来的。而岩石圈里包含的物质一半都是由硅组成，其中硅酸盐和水分都占有很多。这些岩石在一定的温度和适宜的条件下（如火山爆发）就会脱水，从而形成了地球的水。美国学者肯尼迪等认为岩石在熔化中完全混合时，含有硅酸盐 75%，含水 25%。在地球形成初期，火山爆发频繁，从而加快了地球水的形成。由于地球内部的高温，地球的水还在增加。在研究中，有资料表明，大洋接近 1000 年内上升了 1.3 米。不过，近几十年海洋水面快速升高可能主要由于全球气候变暖造成。

对于地球水的来源，目前主要的两派观点如下：

（一）自生说

1. 地球最初形成的时候，由于其内部温度变化和重力作用，物质发生分异和对流，于是，地球逐渐分化出圈层。在其分化过程中，氢、氧等气体都会上浮到地表，然后，再通过各种物理和化学反应之后，最后生成水。

2. 在玄武岩先熔化后再进行冷却，在形成原始地壳的时候产生水，所以最原始的地球只是一个冰冷的球体。后来，存在地球内部的铀、钍等放射性元素开始慢慢地衰变，然后释放出热能，因此，地球内部的物质也开始熔化，高熔点的物质下沉，易熔化的物质上升，从中分离出易挥发的物质：氮、氧、碳水化合物、硫和大量水蒸气。

※ 地球时原始星云凝聚成的行星

3. 地下深处的岩浆中含有丰富的水，实验证明：压力为15千帕，温度为10000℃的岩浆，就可以溶解30％的水。火山口处的岩浆平均含水6％，有的可达12％，而且越往地球深处含水量越高，据此推测，地球深处岩浆的数量在地球存在的45亿年内，深部岩浆释放的水量就可达现代全球大洋水的一半。

4. 通过火山喷发释放出大量的水，从现代火山活动情况来看，几乎每次火山喷发都会有约75％以上的水汽喷出。1906年维苏威火山喷发的纯水蒸气柱高达13,000米，喷发了20个小时。阿拉斯加卡特迈火山区的万烟谷，有成千上万个天然水蒸气喷出孔，平均每秒钟可喷

※ 火山喷发时会流出水吗？

出97℃～6450℃的水蒸气和热水约23,000立方米。据此有人认为，在地球的全部历史中，火山抛出来的固体物质总量为全部岩石圈的一半，火山喷出的水也可占现代全球大洋水的一半。

（二）外生说

1. 人们在研究球粒陨石成分时，发现其中含有的水分占0.5％～5％，

甚至有的可高达 10％以上，碳质球粒陨石含水更多。球粒陨石是太阳系中最常见的一种陨石，大约占所有陨石总数的 86％。

2. 太阳风到达地球大气圈上层，然后将它自身带来大量的氢核、碳核、氧核等原子核与大气圈中的电子结合成氢原子、碳原子、氧原子等物质，再通过不同的化学反应变成水分子。据估计，在地球大气的高层，每年几乎产生 1.5 吨这种"宇宙水"。

小链接

·地球上的水究竟是来自哪里？·

最近，国际学术界对地球生命起源的讨论非常热闹。众所周知，关于水的来源最时髦的一种理论就是，来自太空的携带有水和其他有机分子的彗星和小行星撞击地球后才使地球产生了生命。最近，科学家们第一次发现了可以证明这一理论的依据：一颗被称为利内亚尔的冰块彗星。

据科学家们推测，这颗彗星含水 33 亿千克，如果浇洒在地球上，可形成一个大湖泊。但令人十分遗憾的是，利内亚尔彗星在炽烈的阳光下会生成蒸气，并且全世界的天文学家们都观察到了这一过程。那么，这颗彗星携带的水与地球上的水相似吗？根据科学家们的研究，答案是肯定的。实验证明，数十亿年前在离木星不远处形成的彗星含有的水和地球上海洋里的水是一样的。而利内亚尔彗星正是在离木星轨道不远的地方诞生的。

天文学家们也认为，在太阳系刚形成时可能有不少类似于利内亚尔的彗星从"木星区域"落到地球上。美国航空航天局专家约翰·玛玛说："它们落到地球上时像是雪球，而不是像小行星撞击地球。"因此，这种撞击是软撞击，受到破坏的只是大气层的上层，而且撞击时释放出来的有机分子没有受到损害。

拓展思考

1. 生活中你什么时候需要水？
2. 水有哪些作用？
3. 地球上的水究竟是从哪里来的？

认识我们身边的水能

水资源与人类的关系

Shui Zi Yuan Yu Ren Lei De Guan Xi

水——生命之源，它是人类及一切生物赖以生存的、必不可少的重要物质，是工农业生产、经济发展和环境改善不可替代的极为宝贵的自然资源。水资源一词出现较早，随着时代进步，其内涵也在不断丰富和发展，但是，水资源的概念却既简单又复杂。水资源复杂的内涵通常表现在：水的类型繁多，具有运动性，各种水体具有相互转化的特性；水的用途广泛，各种用途对其量和质均有不同的要求；水资源所包含的"量"和"质"在一定条件下可以改变；更为重要的是，水资源的开发利用受经济技术、社会和环境条件的制约。因此，人们从不同角度的认识和体会，造

※ 生命之源——水

成对水资源一词理解的不一致和认识的差异。目前，关于水资源普遍认可的概念可以理解为人类长期生存、生活和生产活动中所需要的既具有数量要求，又满足质量要求的水量，包括使用价值和经济价值。

目前，人们大量地使用水，浪费水。为了避免淡水枯竭的灾难，我们必须要早日行动起来，从现在开始节约用水，减少水污染，合理开发水资源，提高水的利用率，让人类有洁净的淡水饮用，生生不息地繁衍下去，使我们能生活在和谐的社会环境中，这是我们人类的共同愿望和奋斗目标。

◎水的分类

水资源也是分为好多种类的，以下就简单地介绍下：

软水：硬度低于 8℃ 的水称为是软水，软水中不含或较少含有钙镁化合物。

硬水：硬度高于 8℃ 的水为硬水。硬水和软水正好相反，硬水里面含较多的钙镁化合物。硬水会影响洗涤剂的效果；锅炉用水硬度高了十分危险，不仅浪费燃料，而且会使锅炉内管道局部过热，易引起管道变形或损坏；

※ 水有哪些分类

人长期饮用硬水还会危害健康。硬水在加热之后会产生很多的水垢。

饮用水根据氯化钠的含量，可以分为：

地下水：储存于地下的水。

超纯水：纯度极高的水，多用于集成电路工业。

结晶水：结晶水又称水合水。在结晶物质中，以化学键力与离子或分子相结合的、数量一定的水分子。

重水的化学分子式为 DDO，每个重水分子由两个氘原子和一个氧原子构成。重水在天然水中占不到万分之二，通过电解水得到的重水比黄金还昂贵。重水可以用来做原子反应堆的减速剂和载热剂。

超重水的化学分子式为 TTO，每个重水分子由两个氚原子和一个氧原子构成。超重水在天然水中极其稀少，其比例不到十亿分之一。超重水

认识我们身边的水能

的制取成本比重水还要高上万倍。

氘化水的化学分子式为 HDO，每个分子中含一个氢原子、一个氘原子和一个氧原子。用途不大。

◎地球上的水

地球上水的总储量为 13.86 亿立方千米，我们通常说的水资源主要是指陆地上的淡水资源，但是淡水资源只占 0.9%，而其中人类比较容易利用的淡水资源约占全球淡水总储量的 0.3%（全球总储水量的 7/100000），其中大部分的水也都是以冰雪的形态在南、北极储存。与人类生活最密切的湖泊、河流和浅层地下的淡水，仅占淡水总储量的 0.02%。

世界的水资源十分丰富，但是人们能够饮用的水却很少，海洋里的水都是咸水需要进行加工之后才可以饮用，但是加工的费用是非常昂贵的，这也是人类健康发展的一个制约因素。不管什么时候，人类是离不开水的。我们国家幅员辽阔，但人口众多，淡水分布也不均匀。近年来，由于世界各地的气候干旱导致的人畜饮水的困难慢慢地呈现出来了，所以节约用水，减少水污染成了人类社会迫在眉睫的大事，把水资源管理好，用好，合理开发水资源，达到长期有保障的目的。中国的大型水利工程——南水北调工程在世界也是屈指可数的水利工程，它的目的就是保障北方人口的饮水，农田灌溉，它是确保人民生活用水安全的工程；另外，政府采

※ 地球上的水

取了卓有成效的法律措施，对那些对水环境有污染的企业进行关停并转，以保护淡水资源的长期有效利用。到目前为止，大中城市的污水处理工程建设也已经形成规模，向着节约用水、水重复利用方向发展，以达到环保、节约用水、合理用水的最终目标，这是人类保护淡水资源的有效途径，也是最佳方式。只有这样，地球上的淡水资源才能源源不断地保障人类及生物界的水供应，促进人类社会及生物界健康地发展下去。

◎水污染分类

在现代社会生活中，水的污染有两类：一类是自然污染；另一类是人为污染。当前对水体危害较大的是人为污染。水污染可根据污染杂质的不同而主要分为化学性污染、物理性污染和生物性污染三大类：

第一，化学性污染

化学性污染是化学物品里含有污染杂质而造成的水体污染。化学性污染根据具体污染杂质又可分为6类：

（1）无机污染物质：污染水体中含有的无机污染物质主要有酸、碱和一些无机盐类。酸碱污染使水体的 PH 值发生变化，不仅妨碍水体自净作用，还会腐蚀船舶和水下建筑物，影响渔业。

（2）无机有毒物质：污染水体的无机有毒物质主要是重金属等有潜在长期影响的物质，主要有汞、镉、铅、砷等元素。

（3）有机有毒物质：污染水体的有机有毒物质主要是各种有机农药、多环芳烃、芳香烃等。它们大多是人工合成的物质，化学性质很稳定，很难被生物所分解。

※ 被污染的水

（4）需氧污染物质：生活污水和某些工业废水中所含的碳水化合物、蛋白质、脂肪和酚、醇等有机物质可在微生物的作用下进行分解。在分解过程中需要大量氧气，故称之为需氧污染物质。

（5）植物营养物质：主要是生活与工业污水中的含氮、磷等植物营养物质，以及农田排水中残余的氮和磷。

（6）油类污染物质：主要指石油对水体的污染，尤其海洋采油和油轮事故污染最为严重。

第二，物理性污染主要包括：

（1）悬浮物质污染：悬浮物质是指水中含有的不溶性物质，包括固体物质和泡沫塑料等。它们是由生活污水、垃圾和采矿、采石、建筑、食品加工、造纸等产生的废物泄入水中或农田的水土流失所引起的。悬浮物质影响水体外观，妨碍水中植物的光合作用，减少氧气的溶入，对水生生物不利。

※ 水污染导致的大批鱼类死亡

（2）热污染：来自各种工业过程的冷却水，若不采取措施，直接排入水体，可能引起水温升高、溶解氧含量降低、水中存在的某些有毒物质的毒性增加等现象，从而危及鱼类和水生生物的生长。

（3）放射性污染：由于原子能工业的发展，放射性矿藏的开采，核试验和核电站的建立以及同位素在医学、工业、研究等领域的应用，使放射性废水、废物显著增加，造成一定的放射性污染。

※ 触目惊心的水污染

第三，生物性污染

生活污水往往可以带入一些病原微生物，特别是医院污水和某些工业废水污染水体。例如，某些原来存在于人畜肠道中的病原细菌，如伤寒、副伤寒、霍乱细菌等都可以通过人畜粪便的污染而进入水体，随水流动而传播。一些病毒，如肝炎病毒、腺病毒等也常在污染水中发现。某些寄生虫病，如阿米巴痢疾、血吸虫病、钩端螺旋体病等也可通过水进行传播。

认识我们身边的水能

防止病原微生物对水体的污染也是保护环境、保障人体健康的一大课题。

曾有人描述水说："最后一滴淡水就是人类的眼泪"。这肯定不是危言耸听的恐吓，而是指出了水污染、浪费水资源、未来的世界淡水资源耗尽后，人类所面临的将是这样的结局。如今人们已经意识到淡水资源对人类社会发展的重要性，淡水资源是国家的重要战略物质，是国民生计中不可缺少的重要资源。例如，近年来的持续干旱，造成不少地方的人畜饮水困难，对国民经济发展及人民的生命财产造成严重的威胁。这告诫人类，淡水的匮乏已经来临，必须加强淡水的合理开发，节约用水，减少水污染，确保人类用水的正常供给。

还有一些地区，人们依靠水窖来维持日常生活用水，淡水的主要来源主要成了依靠天上的雨水积蓄而维持日常生活用水。持续的干旱少雨，生活用水受到威胁。所以说，那里的人，对一升水的使用率是正常地区的几倍，重复用，再重复用，直到无法继续使用，才给家畜倒上，这种情景经常在电视新闻上看见，令人震撼。假设人类社会普遍处于这种缺水状态，那么应该是多么的可怕啊！

虽然说，水是自然循环的物质，从海洋中蒸发升腾到天空，遇到冷空气后，凝结成水珠降落到地面上，以维护生物的水分需要，周而复始地自然循环着。但是近年来，环境污染导致的气候变化异常，如温室效应，给全球带来极大的危害，或者持续干旱，或者暴雨泛滥成灾，让人类遭受意想不到的灾难，这种惨烈的自然灾害给人类造成了很大的经济损失，人员伤亡也是令人痛心的。

在这样的血的教训下，我们人类也到了应该觉醒的时候了。加强环境治理，节能减排，减少水污染，节约用水，合理开发运用地下的有限资源，这已成为世界各国的重要课题，如果再像过去那样持续发展下去，那么人类真的将面临的是最后一滴淡水是自己的"眼泪"了。到那时后悔莫及，人类只有面对淡水枯竭，渴死饿死了。

※ 节约地球上的每一滴水

水是维持生物生存的必备资源。珍惜每一滴水，节约用水，把水放在首位去管理，去保护，以确保世界物种的正常繁衍生息，是我们人类当前的重要责任。水资源也分为好多种类，其中淡水资源在世界资源中占据比例最大，淡水资源也是关系到物种生存的首要资源。世界各国都十分关注淡水资源的保护，将其作为环保工作的重中之重。所以，我们要从根本上抓起，从源头上治理，减少水污染，节约用水，以绿色低碳生活理念去呵护我们的水资源，确保人类及所有生物饮用水的正常供给，这是十分关键的问题，因此，必须列入我们的管理日程来抓来管，只有这样，才能起到保护水资源的效果。水资源的管理是千年大计，是人类生存中的重要环节之一，必须长久坚持下去。我们要为子孙后代着想，为后人留下纯净的、珍贵的水资源财富，这是当今社会大众的义务与职责。

小 链 接

·废水处理·

废水处理是利用物理、化学和生物的方法对废水进行处理，使废水净化，减少污染，以至达到废水回收、复用，充分利用水资源。

为什么要进行污水处理呢？我们每天的生活和生产都会产生生活废水、工业污水。这些污水一直在侵蚀着我们的生活环境，危害着我们的身体健康，我们提倡进行污水处理的目的主要就是在于让大家能够节约用水、提高水资源利用率，减少水污染物排放，保护水环境，保护我们的生活环境。

废水处理的方法：

1. 废水流过沉淀槽，固状物会沉淀下来。

2. 在滴流过滤中，废水流过沙砾得以过滤，沙砾表面也可铺细菌，以分解污水中的废物。

3. 还可在水中加入漂白粉，氯气等杀死微生物。

4. 水被排入露天池塘，可以天然净化。

5. 废水经过"旋水分离器"，能过滤。

拓展思考

1. 人类如果离开水，还能生存吗？

2. 水和人类有什么关系？

3. 为什么要节约用水？

关于水的文化

Guan Yu Shui De Wen Hua

水——不可缺少的物质。在这个科技发达的时代里，用水的地方非常的多。水在科学、哲学、宗教、文学、美术、体育、神话等地方都有所体现。

古代中的龙王就是对水的神格化。相传，凡有水域水源处皆有龙王，龙王庙也遍及全国各地。因此，祭龙王祈雨也就成了中国传统的习俗。

◎水与音乐——高山流水

《高山流水》是一种古代琴曲，它是中国十大古曲之一。在战国时期就已经有关于高山流水的琴曲故事流传。乐谱最早见于明代《神奇秘谱（朱权成书于1425年）》，此谱之《高山》、《流水》解题有："《高山》、《流水》二曲，本只一曲。初志在乎高山，言仁者乐山之意。后志在

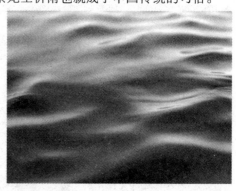

※ 水之性情

乎流水，言智者乐水之意。至唐分为两曲，不分段数。至来分高山为四段，流水为八段。"两千多年来，《高山》、《流水》这两首著名的古琴曲与伯牙鼓琴遇知音的故事一起，在人民中间广泛流传。

《高山流水》取材于"伯牙鼓琴遇知音"，它有好多谱本，分为琴曲和筝曲两种，两者同名异曲，风格完全不一样。

随着明清以来琴的演奏艺术的发展，《高山》、《流水》发生了很大变化。《传奇秘谱》本不分段，而后世琴谱多分段。明清以来，多种琴谱中以清代唐彝铭所编《天闻阁琴谱》（1876年）中所收川派琴家张孔山改编的《流水》尤有特色，增加了以"滚、拂、绰、注"手法作流水声的第六段，又称"七十二滚拂流水"，以其形象鲜明、情景交融而广为流传。据琴家考证，在《天闻阁琴谱》问世以前，所有琴谱中的《流水》都没有张孔山演奏的第六段，全曲只八段，与《神奇秘谱》解题所说相符。

另有筝曲《高山流水》，筝曲中的《高山流水》的音乐与琴曲迥异，同样取材于"伯牙鼓琴遇知音"。现有多种流派谱本，流传最广、影响最大的则是浙江武林派的传谱，旋律典雅，韵味隽永，颇具"高山之巍巍，流水之洋洋"貌。

◎水的文化内涵

老子曾说："上善若水"，"水善利万物而不争，处众人之所恶，故几于道"。其实做人也应该这样，做人应如水，水是一切的根源。

水不仅有高山上的流水，还存在于流淌着的小河里，它也各种状态存在着。水有时细腻，有时粗犷，有时妩媚，有时奔放，它不拘束，可以流向任何地方。水因时而变，夜结露珠，晨飘雾霭，晴蒸祥瑞，阴披霓裳，夏为雨，冬为雪，化而生气，凝而成冰。水因势而变，舒缓为溪，低吟浅唱；陡峭为瀑，虎啸龙吟；深而为潭，韬光养晦；浩瀚为海，高歌猛进。水因器而变，遇圆则圆，逢方则方，直如刻线，曲可盘龙，故曰"水无常形"。水因机而动，因动而活，因活而进，故有无限生机，所以水的文化是非常渊博的。

水的德性为兼容并包，它从不排斥或是拒绝不同方式浸入生命的任何离奇不经事物！它也从不受它的玷污影响。也许从表面上看去，水的性格似乎特别脆弱，且极容易就范。其实水是柔弱中有强韧，强韧中有柔弱，它有时像一个窈窕淑女，有时像一个如钢铁般的男人，它随着它的处境而在不断地变化着，它可以涓涓细流，也可以滴水穿石。

水的生命律动，只在于流淌，"千条江河归大海"。一溪水只是流淌，并不怕礁石阻拦、沟壑围截。从高坎跌下，落为瀑布；遭遇礁石，迂回腾越，迸溅浪花；即使坑洼怪石嶙峋凹凸，还可以奔突激灵，辗转为漩涡……

"海纳百川，有容乃大"。水是万物的根源，没有水是万万不能的，水养山山青，哺花花俏，育禾禾壮，它从不挑三拣四、嫌贫爱富。水映衬

※ 水

"荷塘月色"，构造洞庭胜景，度帆樯舟楫，饲青鲥鲢鲤，任劳任怨，殚精竭虑。水与土地结合便是土地的一部分，与生命结合便是生命的一部分，但它也从不彰显自己，总是默默无闻地为世界万物奉献着。

水可以滋润万物，净化万物，清凉万物，也可以愉悦世界，它的品格可以一言以蔽之：自我牺牲。水一直默默地奉献，绝不张扬，它拒绝被抬高，如果一定要抬高它，它还是会唱着歌儿继续地向下流淌；它不需要你号召向它学习，向它致敬，因为那是对它的亵渎和玷污。一旦玷污了它，它会自我洁净，自还清白之身。万物生长靠太阳，万物生长也靠水。

水归纳于百川，也归纳于所有的自我与人生，理想与成就。在海的胸襟里，自我无贵贱，人生无厚薄，理想无高低，成就无大小，这就是水的文化，这就是水的韵味。

▶ 小 链 接

·水中的人生哲学·

车尔尼雪夫曾经写过这么一段话："水，由于它的灿烂透明、它的淡青色的光辉而令人迷恋，水把周围的一切如画地反映出来，把这一切委曲地摇曳着，我们看到的水是第一流的写生家。"

| 拓展思考 |

1. 你知道水有哪些文化？
2. 为什么古人都喜欢赞美水？
3. 你有水的胸襟吗？

水的影响

Shui De Ying Xiang

最初的地球表面都是由海洋组成的，所以，一切生命的源头也都是在水中慢慢地出现的。水是所有生命体的重要组成部分。在人体中，水占体重的70%；水是维持生命必不可少的物质，但不是所有的水都可以饮用，对于饮用水也有质量上的要求，如果水中缺少人体必需的元素或有某些有害物质，或遭到污染水质，达不到饮用要求，就会影响人体健康。水中生活着大量的水生植被等水生生物，水有利于体内化学反应的进行，在生物体内还起到运输物质的作用，水对于维持生物体温度的稳定也有很大的作用。

※ 水和我们的地球和生活息息相关

◎水与气候

水对于调节气候也有很大的作用，大气中的水气能阻挡地球辐射量的60%，可以保护地球不致冷却。海洋和陆地水体在夏季能吸收和积累热量，使气温不致过高；在冬季则能缓慢地释放热量，使气温不致过低。

※ 冰雹

※ 雾

雨也是从地面上的水形成的，海洋和地表中的水蒸发到天空中会形成云，云中的水通过降水落下来变成雨，冬天则变成雪。落于地表上的水渗入地下形成地下水；地下水又从地层里冒出来，形成泉水，经过小溪、江河汇入大海，形成一个水循环。

雨雪等降水活动对气候形成有重要的影响，在温带季风性气候中，夏季风带来了丰富的水气，夏秋多雨，冬春少雨，形成明显的干湿两季。

在大自然中，根据不同的气候条件，水除了可以形成雨和雪之外，还会以冰雹、雾、露水、霜等形态出现，并影响气候和人类的活动。

※ 露水

※ 霜

◎水与地理

从太空中来看，地球是一个蓝色的星球，它的表面被 71% 的水所覆盖。水侵蚀岩石、土壤，冲淤河道，搬运泥沙，营造平原，改变地表形态。

地球表层的水体构成了水圈，包括海洋、河流、湖泊、沼泽、冰川、积雪、地下水和大气中的水。由于注入海洋的水带有一定的盐分，加上常年的积累和蒸发作用，所以，海和大洋里的水都成了咸水，不能被直接饮用，某些湖泊的水也都是咸水。在这些水圈里，世界上最大的水体则是太平洋。北美的五大湖是最大的淡水水系，欧亚大陆上的里海是最大的咸水湖。

地球上水的体积大约有 13.6 亿立方千米，海洋占了 13.2 亿立方千米（或 97.2%）；冰川和冰盖占了 2500 万立方千米（或 1.8%）；地下水占了 1300 万立方千米（或者 0.9%）；湖泊、内陆海和河里的淡水占了 25 万立方千米（或 0.02%）；大气中的水蒸气占了 1.3 万立方千米（或 0.001%）。

◎水与生命

水是生命的源泉，人对水的需要仅次于氧气。人如果不摄入某一种维生素或矿物质，也许还能继续活几周或带病活上若干年，但人如果没有水，却只能活几天。

在人体中，含有最多的成分则是水，水占成人体重的 60％～70％，占儿童体重的 80％以上。那么水有哪些作用呢？

第一，人的各种生理活动都离不开水，如水可溶解各种营养物质，脂肪和蛋白质等要成为悬浮于水中的胶体状态才能被吸收；水在血管、细胞之间川流不息，把氧气和营养物质运送到组织细胞，再把代谢废物排出体外，总之，人的各种代谢和生理活动都离不开水。

第二，水在体温调节上有一定的作用，当人呼吸和出汗时都会排出一些水分。比如炎热季节，环境温度往往高于体温，人就靠出汗，使水分蒸发带走一部分热量来降低体温，使人免于中暑。而在天冷时，由于水储备热量的潜力很大，人体不致因外界温度低而使体温发生明显的波动。

第三，水是体内的润滑剂，水可以滋润皮肤。如果皮肤缺水，就会变得干燥、失去弹性，显得面容苍老。体内一些关节囊液、浆膜液可使器官之间免于摩擦受损，且能转动灵活。眼泪、唾液也都是相应器官的润滑剂。

第四，水是世界上最廉价且最有治疗力量的奇药，矿泉水和电解质水的保健和防病作用是众所周知的。其主要原因是水中含有对人体有益的成分。当感冒、发热时，多喝开水能帮助发汗、退热、冲淡血液里细菌所产生的毒素；同时，小便增多，有利于加速毒素的排出。

第五，当大面积烧伤以及发生剧烈呕吐和腹泻等症状，体内大量流失水分时，都需要及时补充液体，以防止严重脱水，加重病情。

第六，睡前喝一杯水有助于美容。上床之前，你无论如何都要喝一杯水，这杯水的美容功效非常大。当你睡着后，那杯水就能渗透到每个细胞里。细胞吸收水分后，皮肤就会更娇柔细嫩。

第七，入浴前喝一杯水常葆肌肤青春活力，所以，沐浴前一定要先喝一杯水。沐浴时的汗量为平常的两倍，体内的新陈代谢加速，喝水可使全身每一个细胞都能吸收到水分，创造出光润细柔的肌肤。

第八，需要指出的是，对老人和儿童来说，自来水煮沸后饮用是最利于健康的。目前市场上出售的净水器，净化后会降低水内的矿物质，长期饮用效果并不如天然水源。

水在生物体中会有多种存在形式，其主要形式是以游离态存在的。水

可以自由流动，加压易析出、易蒸发，称为自由水。它是细胞内良好的溶剂，成为各种代谢反应的介质。自由水在细胞中的含量越多，细胞代谢就越旺盛。一部分水和其他物质结合，不能自由流动，称为结合水。结合水含量越多，生物对不良环境的抗性就越强，如：抗旱、抗寒等。

> **小链接**
>
> 水摄入不足或水丢失过多，可引起体内失水亦称为脱水。根据水与电解质丧失比例不同，脱水分三种类型。
>
> 1. 高渗性脱水：以水的丢失为主，电解质丢失相对较少。
> 2. 低渗性脱水：以电解质丢失为主，水的丢失较少。
> 3. 等渗性脱水：水和电解质按比例丢失，体液渗透压不变，临床上较为常见。

拓展思考

1. 水对我们的生活有何影响？
2. 水占人体比重的多少？
3. 你知道什么情况下人会脱水吗？

神奇的水循环

Shen Qi De Shui Xun Huan

水循环在不同的环境下是不同的：第一，水循环是指水由地球不同的地方透过吸收太阳带来的能量转变存在的模式，到地球另一些地方，例如：地面的水分被太阳蒸发成为空气中的水蒸气；第二，在太阳能和地球表面热能的作用下，地球上的水不断被蒸发成为水蒸气，进入大气。水蒸气遇冷又凝聚成水，在重力的作用下，以降水的形式落到地面，这个周而复始的过程，称为水循环；第三，水循环是指大自然的水通过蒸发，植物蒸腾，水汽输送，降水，地表径流，下渗，地下径流等环节，在水圈，大气圈，岩石圈，生物圈中进行连续运动的过程。

我们都知道，地球表面上大部分的面积都是由水构成的，这些水形成了一个水圈，包括海洋、湖泊、河流等，地球上的水圈是一个永不停息的动态系统。在太阳辐射和地球引力的推动下，水在水圈内各组成部分之间不停地运动着，构成全球范围的海陆间循环（大循环），并把各种水体连接起来，使得各种水体能够长期存在。海洋和陆地之间的水交换是这个循环的主线，意义最重大。在太阳能的作用下，海洋表面的水蒸发到大气中

※ 水循环示意图

形成水汽，水汽随大气环流运动，一部分进入陆地上空，在一定条件下形成雨雪等降水；大气降水到达地面后转化为地下水、土壤水和地表径流，地下径流和地表径流最终又回到海洋，由此形成淡水的动态循环，而这些淡水是被广泛应用的，具有经济价值，也正是我们所说的水资源。

水循环是联系地球各圈和各种水体的"纽带"，水循环是"调节器"，它调节了地球各圈层之间的能量，对冷暖气候变化起到了重要的作用。水循环是"雕塑家"，它通过侵蚀、搬运和堆积，塑造了丰富多彩的地表形象。水循环是"传输

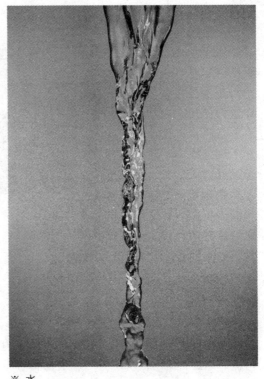

※ 水

带"，它是地表物质迁移的强大动力和主要载体。更重要的是，通过水循环，海洋不断向陆地输送淡水，补充和更新陆地上的淡水资源，从而使水成为了可再生的资源。

水在不同地方通过太阳蒸发后，转变其自身的存在模式到地球的另一个地方就是水循环了。就好比地面上的水被太阳蒸发后形成水蒸气一样。水分别以固态、液态和气态的形式存在，而且地球上大部分的水存在于大气、地底及江河湖海里，并且水通过蒸发、降水、渗透等形式，由一个地方移动到另一个地方。

水不仅是所有生命机体不可缺少的组成物质，也是生命代谢活动所必需的物质。地球上的水虽然很多，但是绝大多数的水在海洋中，而在陆地、大气和生物体里的水却是很少一部分。

产生水循环的内因是由于水的固态、液态、气态的转化特性，而太阳的辐射和地心引力则是外因。水循环有四个环节，蒸发在水循环里是初始的环节，海洋、陆地、植物、矿石乃至人体的皮肤里的水分，都会由于太阳的蒸发而进入大气，并且海洋的水体在蒸发环节里占主要地位；水汽输

送是指水汽随着气流从一个地方被输送到另一地区，或者是由低空被输送到高空；凝结降水是指进入大气中的水汽在适当条件下凝结，并在重力作用下以雨、雪和雹等形态降落；径流是指降水在下落过程中，除一部分要蒸发返回大气外，另一部分经植物截留、下渗、填洼及地面滞留水，并通过不同途径形成地面径流、表层流和地下径流，汇入江河，流入湖海。

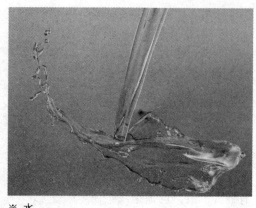

※ 水

◎水循环的作用

水是一切生命机体的组成物质，也是生命代谢活动所必需的物质，又是人类进行生产活动的重要资源。地球上的水分布在海洋、湖泊、沼泽、河流、冰川、雪山，以及大气、生物体、土壤和地层中。水的总量约为 1.4×10^{13} 立方米，其中 96.5％ 在海洋中，约覆盖地球总面积的 70％。陆地上、大气和生物体中的水只占很少一部分。

水循环的主要作用表现在三个方面：

1. 水是所有营养物质的介质，营养物质的循环和水循环密不可分地联系在一起；

2. 水对物质是很好的溶剂，在生态系统中起着能量传递和利用的作用；

3. 水是地质变化的动因之一，一个地方矿质元素的流失、而另一个地方矿质元素的沉积往往要通过水循环来完成。

◎水循环的各个环节

水循环是一个多环节的自然过程，全球性的水循环涉及蒸发、大气水分输送、地表水和地下水循环以及多种形式的水量储蓄。降水、蒸发和径流是水循环过程的三个最主要环节，这三者构成的水循环途径决定着全球的水量平衡，也决定着一个地区的水资源总量。

蒸发是水循环中最重要的环节之一，由蒸发产生的水汽进入大气并随

认识我们身边的水能

大气活动而运动。大气中的水气主要来自海洋，一部分还来自大陆表面的蒸发。大气层中水汽的循环是蒸发—凝结—降水—蒸发的周而复始的过程。海洋上空的水汽可被输送到陆地上空凝结降水，称为外来水汽降水；大陆上空的水汽直接凝结降水，称内部水汽降水。一地总降水量与外来水汽降水量的比值称该地的水分循环系数。全球的大气水分交换的周期为10天。在水循环中，水汽输送是最活跃的环节之一。

径流是一个地区（流域）的降水量与蒸发量的差值，多年平均的大洋水量平衡方程为：蒸发量＝降水量＋径流量；多年平均的陆地水量平衡方程是：降水量＝径流量＋蒸发量。但是，无论是海洋还是陆地，降水量和蒸发量的地理分布都是不均匀的，这种差异最明显的就是不同纬度的差异。

中国的大气水分循环路径有太平洋、印度洋、南海、鄂霍茨克海及内陆5个水分循环系统。它们是中国东南、华南、华南、东北及西北内陆的水汽来源。西北内陆地区还有盛行西风和气旋东移而来的少量大西洋水汽。

陆地上（或一个流域内）发生的水循环是降水—地表和地下径流—蒸发的复杂过程。陆地上的大气降水、地表径流及地下径流之间的交换又称三水转化。流域径流是陆地水循环中最重要的现象之一。

地下水的运动主要与分子力、热力、重力及空隙性质有关，其运动是多维的。通过土壤和植被的蒸发、蒸腾等向上运动成为大气水分；通过入渗向下运动可补给地下水；通过水平方向运动又可成为河湖水的一部分。地下水储量虽然很大，但却是经过长年累月甚至上千年蓄结而成的，水量交换周期很长，循环极其缓慢。地下水和地表水的相互转换是研究水量关系的主要内容之一，也是现代水资源计算的重要问题。

据估计，全球总的循环水量约为496 1012立方米/年，不到全球总储水量的万分之四。在这些循环水中，约有22.4％成为陆地降水，这其中的约2/3又从陆地蒸发掉了。但总蒸发量小于降水量，这才形成了地面径流。

◎为什么要形成水循环

地球上的水分布广泛、贮量巨大，是水循环的物质基础。由于地球上太阳辐射的强度不均匀，不同地区的水循环的情况也就不相同。如在赤道地区太阳辐射强度大，降水量一般比中纬地区多，尤其比高纬地区多。

形成水循环也有自然因素，主要有气象条件（大气环流、风向、风速、温度、湿度等）和地理条件（地形、地质、土壤、植被等）。

形成水循环还有人为因素。现代生活中，人类活动不断改变着自然环境，越来越强烈地影响水循环的过程。人类构筑水库，开凿运河、渠道、河网，以及大量开发利用地下水等，改变了水原来的径流路线，引起水的分布和水的运动状况的变化。农业的发展，森林的破坏，引起蒸发、径流、下渗等过程的变化。城市和工矿区的大气污染和热岛效应也可改变本地区的水循环状况。

环境中许多物质的交换和运动依靠水循环来实现，陆地上每年有 3.6×10^{13} 立方米的水流入海洋，这些水把约 3.6×10^9 吨的可溶解物质带入海洋。

人类生产和消费活动排出的污染物通过不同的途径进入水循环过程中。矿物燃料燃烧产生并排入大气的二氧化硫和氮氧化物，进入水循环能形成酸雨，从而把大气污染转变为地面水和土壤的污染。大气中的颗粒物也可通过降水等过程返回地面。土壤和固体废物受降水的冲洗、淋溶等作用，其中的有害物质通过径流、渗透等途径，参加水循环而迁移扩散。人类排放的工业废水和生活污水，使地表水或地下水受到污染，最终使海洋受到污染。

水在循环过程中，沿途挟带的各种有害物质，可由水的稀释扩散，降低浓度而无害化，这是水的自净作用。但也可能由于水的流动交换而迁移，造成其他地区或更大范围的污染。

小 链 接

水循环是神奇的，它让各圈层中的水分建立了密切联系，并让水分在各个圈层间进行着巨大的能量交换，从而使各种自然地理过程得以延续，对人类和生产活动有着重要的作用。正是由于水循环的存在，把海水通过水循环不断向陆地输送淡水，让陆地上的淡水得到补充和更新，而且也让水成为了可再生的资源。也让人类赖以生存的水资源得到不断更新，使之成为一种再生资源，以实现永久的使用；使各个地区的气温和湿度得到不断的调整，而且对气候的冷暖变化也起着重要作用。水循环还通过侵蚀、搬运和堆积的形式把地表变得丰富多彩。因此，无论是对自然界还是对人类社会来说，水循环都具有非同寻常的意义。

拓展思考

1. 什么是水循环？
2. 水循环是怎样形成的？
3. 为什么要形成水循环？

认识我们身边的水能

认

识我们身边的水能

第二章

RENSHI WOMENSHENBIANDESHUINENG

水不仅可以直接被人类利用，它还是能量的载体。水能就是地球上有限的几种可再生能源的其中之一，它是清洁能源、绿色能源。地表水的流动是重要的一环，在落差大、流量大的地区，水能资源丰富。随着矿物燃料的日渐减少，水能是非常重要且前景广阔的替代资源……

认识我们身边的水能

什么是水能?

Shen Me Shi Shui Neng?

水能是现代生活中发明出来的一种取之不尽、用之不竭、可再生的清洁能源。水能从广义上可以分为河流水能、潮汐水能、波浪能、海流能等能量资源;从狭义上讲,水能只指河流的水能资源。水能是一种常规能源,一次能源。到目前为止,最容易开发和利用、技术比较成熟的水能也是河流能源。水能资源最显著的特点就是可再生、无污染。中国水能资源蕴藏量居世界首位。

为了有效利用天然水能,所以需要人工修筑能集中水流落差和调节流量的水工建筑物,如大坝、引水管涵等。人类开发利用水能资源的历史源远流长。根据《中华人民共和国可再生能源法释义》对水能的定义是:风和太阳的热引起水的蒸发,水蒸气形成了雨和雪,雨和雪的降落形成了河

※ 水有什么能量?

流和小溪，水的流动产生了能量，称为水能。当代水能资源开发利用的主要形式是水电能资源的开发利用，以致人们通常把水能资源、水力资源、水电资源作为同义词，而实际上，水能资源包含着水热能资源、水力能资源、水电能资源、海水能资源等。

（一）水热能资源

水热能资源其实就是人们经常所说的天然温泉。水热能资源历史悠久，在古代，人们已经开始直接利用天然温泉的水热能资源建造浴池，沐浴治病健身。现代人们也利用水热能资源进行发电、取暖等，如冰岛。我国 2003 年水电发电量为 70.8 亿千瓦时，其中利用地热（即水热能资源）发电就达 14.1 亿千瓦时，全国 86％的居民已利用地热（水热能资源）取暖。我国西藏地区已建成装机 2.5 万千瓦的羊八井电站，也是利用地热（水热能资源）发电。据专家预测，我国近百米内土壤每年可采集的低温能量（以地下水为介质）可达 15000 亿千瓦。目前我国地热发电装机 3.53 万千瓦。

（二）水力能资源

水力能资源包括水的动能和势能，在中国古代已广泛利用湍急的河流、跌水、瀑布的水力能资源进行建造水车、水磨和水碓等机械，来进行提水灌溉、粮食加工、舂稻去壳等。18 世纪 30 年代，欧洲出现了集中开发利用水力资源的水力站，为面粉厂、棉纺厂和矿山开采等大型工业提供动力。现代出现的用水轮机直接驱动离心水泵，产生离心力提水、进行灌溉的水轮泵站，以及用水流产生水锤压力、形成高水压直接进行提水灌溉的水锤泵站等，都是直接开发利用水的力能资源。

（三）水电能资源

水电能资源的开发利用是我国现代化建设和可持续发展的重要内容之一，水电能资源一般是指利用江河水流具有的势能和动能下泄做功，推动水轮发电机转动发电产生的电能。煤炭、石油、天然气和核能发电需要消耗不可再生的燃料资源，而水力发电并不消耗水量资源，而是利用了江河流动所具有的能量。21 世纪初，我国的水电建设进入了快速发展时期。

19 世纪 80 年代，当电被发现后，根据电磁理论制造出发电机，建成把水力站的水力能转化为电能的水力发电站，并输送电能到用户，使水电能资源开发利用进入了蓬勃发展时期。而现在我们所说的水电能资源通常称为水能资源。

水能主要用于水力发电，其优点是成本低、可连续再生、无污染，缺点是其分布受水文、气候、地貌等自然条件的限制大。水容易受到污染，也容易被地形、气候等多方面的因素影响。

※ 水资源

◎水能的优点

水能资源是一种可再生、无污染的新能源，开发水能对江河的综合治理和综合利用具有积极作用、对促进国民经济发展，改善能源消费结构，缓解由于消耗煤炭、石油资源所带来的环境污染有重要意义。因此，世界各国都把开发水能放在能源发展战略的优先地位。

水能资源的优点是成本低、可连续再生、无污染。

◎水能对生态环境的破坏

水能必须要有人工修筑能集中水流落差和调节流量的水工建筑物，如大坝、引水管涵等来进行，但是这些巨大的水坝，需要淹没广泛的上游领域，这破坏了生物的多样性、有生产力的低地、沿江河谷森林、湿地和草原，水力发电站的结果是使水库引起周边地区的栖息地支离破碎和导致水土流失的恶化。

大力开发水电项目可以破坏周围区域的上游和下游的水生生态系统，例如，有研究表明，沿北美大西洋和太平洋海岸的水坝减少了需要到上游产卵的鲑鱼种群，即使在鲑鱼栖息地的最大水坝上安装鱼梯。年幼的鲑鱼也遭受损害，因为在它们迁移到海时，必须通过发电站的涡轮。这已促使美国一些地区在一年中的部分时期通过游艇运输小鲑鱼到下游。在某些情况下，因为大坝对鱼类的影响如旱獭，大坝一些已被拆除。人们在积极研究和改进涡轮发电厂的设计，使其减少对水生生物造成破坏。缓解措施，如鱼梯，可能成为在新项目或现有项目中重新获得认可。

◎水能的开发利用

水能的开发是利用水体蕴藏的能量的一门技术，天然河道或海洋内的水体具有位能、压能和动能三种机械能，水能的利用主要是指对水体中位能部分的利用。

通过以上我们可以知道，水能开发的利用从古代就已经开始了，其历史悠久。早在 2000 多年前，在埃及、中国和印度已出现水车、水磨和水碓等利用水能于农业生产。18 世纪 30 年代开始有新型水力站。随着工业发展，18 世纪末这种水力站发展成为大型工业的动力，用于面粉厂、棉纺厂和矿石开采。但从水力站发展到水电站，是在 19 世纪末远距离输电技术发明后才蓬勃兴起。

水能利用还有一种方式是通过水轮泵或水锤泵扬水，其原理是将较大

※ 水源

流量和较低水头形成的能量直接转换成与之相当的较小流量和较高水头的能量。虽然在转换过程中会损失一部分能量，但在交通不便和缺少电力的偏远山区进行农田灌溉、村镇给水等，仍不失其应用价值。从 20 世纪 60 年代起，水轮泵在中国得到发展，同时，也被一些发展中国家所采用。

小 链 接

　　水能利用是水资源综合利用的一个重要组成部分。近代大规模的水能利用，往往涉及整条河流的综合开发，或涉及全流域甚至几个国家的能源结构及规划等。它与国家的工农业生产和人民的生活水平提高息息相关。因此，各国需要在对地区的自然和社会经济综合研究基础上，进行微观和宏观决策。前者包括电站的基本参数选择和运行、调度设计等，后者包括河流综合利用和梯级方案选择、地区水能规划、电力系统能源结构和电源选择规划等。实施水能利用需要利用到水文、测量、地质勘探，水能计算、水力机械和电气工程、水工建筑物和水利工程施工以及运行管理和环境保护等范围广泛的各种专业技术。

拓展思考

1. 什么是水能？
2. 你知道我们身边有哪些水能吗？
3. 水是利用什么原理转化成能量的？

认识我们身边的水能

全球水能资源分布和发展概况

Quan Qiu Shui Neng Zi Yuan Fen Bu He Fa Zhan Gai Kuang

20世纪50年代以来，世界水能资源开发的速度很快，据统计，世界各国水力发电装机容量在1950年为7200万千瓦，1998年就已经达到67400万千瓦，增长了8.36倍，水电能在各种发电能源中居第2位，仅次于火力发电。世界各国水电总发电量1950年为3360亿千瓦·小时，1998年已达26430亿千瓦·小时，增长了6.87倍。以世界经济可开发发电量8.082万亿千瓦·小时计算水能资源开发程度，1950年仅开发4.15%，到1998年已达到32.7%。

※ 河流

在全球各大洲中，亚洲人均可利用水资源是最低的，因为亚洲的人口太多了，人均拥有量占全球36%，人口却占全球60%。但亚洲也是各大洲国际河流最多的，其国际河流占全球总数的40%，国际河流面积占亚洲大陆面积的65%。从地球表面上看来，地球大部分的面积是被海洋所覆盖，地球上的水量的确是非常丰富的，但是淡水量仅占2.5%，而参与全球水循环的动态水量仅为淡水量的1.6%，约为577万亿立方米，其中降落在陆地上以径流为主要形式的水量，多年平均为47万亿立方米。这部分水量逐年循环再生，是人类开发利用的主要对象。然而，这部分水量中约有2/3是以暴雨和洪水形式出现，不仅难以大量利用，且常带来严重的水灾。

世界上由于自然地理和气象条件的不同，所以各个地方的降雨和径流量也不同，因而产生不同的水利问题。

非洲属于高温干旱的大陆。水资源面积在各大洲中最少，连亚洲和北美洲的一半都不到，非洲的河流也都仅集中在西部的扎伊尔河等流域。除沿赤道两侧雨量较多外，大部分地区少雨，沙漠面积占陆地的1/3，所以，非洲多数国家的首要问题就是要解决缺水的问题。世界上最长的河流尼罗河位于非洲，尼罗河的水资源哺育了埃及的古文明，至今仍与埃及经济息息相关。

亚洲除了是高温干旱大陆之外，也是面积大、人口多的大陆，非洲的降雨量分布很不均匀。中

※ 干旱的非洲

亚、西亚及内陆地区干旱少雨，以致无灌溉、即无农业，因此，必须采取各种措施开辟水源。但是也有一些地方的水特别多，像东南亚及一些沿海地区，这些地区受湿润季风影响，水量较多，但因季节和年际变化雨量差异甚大，汛期的连续降雨常造成江河泛滥，如中国的长江、黄河，印度的恒河等都常为沿岸人民带来灾难。防洪问题却成为这些地区的沉重负担。

北美洲的雨量以自东南向西北的方式逐渐递减，大部分地区雨量均匀，只有加拿大的中部、美国的西部内陆高原及墨西哥的北部属于干旱地区。密西西比河为北美洲的第一大河，洪涝灾害比较严重，美国曾投入巨大的力量整治这一水系，并建成沟通湖海的干支流航道网，并且在美国西部的干旱地区，修建了大规模的水利工程，对江河径流进行调节，并跨流域调水，保证了工农业的用水需要。在加拿大和美国境内，由于其水能资源丰富，所以开发程度也较高。

南美洲属于湿润大陆，它也是以这一特点而著称于全世界。径流模数为亚洲或北美洲的两倍有余，水量充沛。世界第一大河亚马孙河位于北部，流域面积及径流量均为世界各河之冠，水能资源非常丰富，但流域内人烟较少，水资源有待开发。其他各河流水量也较充沛，修建在巴拉那河上的伊泰普水电站，装机容量为1260万千瓦。

欧洲绝大部分地区具有温和湿润的气候，年际与季节降雨量分配比较均衡，其水量丰富。欧洲人利用优越的自然条件，发展农业、开发水电、沟通航运，使欧洲的经济有较快的发展。

认识我们身边的水能

河流水能资源是水能资源的主要组成部分，是可再生能源中应用最广泛、技术最成熟、利用效率最高、经济效益最好的一种能源资源。

◎世界大坝和水电开发情况

大坝是开发水能源必不可少的建筑物，到 2002 年底，全世界已经修建了 49700 多座大坝（高于 15 米或库容大于 100 立方米），分布在 140 多个国家，其中中国的大坝有 25000 多座。世界上有 24 个国家依靠水电为其提供 90％以上的能源，如巴西、挪威等国；目前有 55 个国家依靠水电为其提供 50％以上的能源，包括加拿大、瑞士、瑞典等国；有 62 个国家依靠水电为其提供 40％以上的能源，包括南美的大部分国家。全世界大坝的发电量占所有发电量总和的 19％，水电总装机容量为 728.49 吉瓦。发达国家水电的平均开发度已在 60％以上，其中美国水电资源已开发约 82％，日本约 84％，加拿大约 65％，德国约 73％，法国、挪威、瑞士也均在 80％以上。

美国有大小坝 82704 座，多建于 20 世纪 50、60、70、80 年代，其中坝高在 15～30 米之间的坝有 6975 座，30 米以上的大坝有 1749 座。水电总装机为 75500 兆瓦，年发电量为 300 兆瓦时，另有抽水蓄能装机 19000 兆瓦。

※ 水库

认识我们身边的水能

　　美国水库总库容为 135000 亿立方米，居世界首位，按功能划分，为供水或灌溉的大坝 1890 座，防洪的大坝 1873 座，旅游、娱乐目的大坝 870 座，以发电为主的大坝 629 座。由联邦直接管理的大坝不到 3%。从 1950 年以来，美国退役的大坝总数为 467 座，这些坝都比较低。退役的坝中，有相当一部分是建坝的目的发生了变化，如为纺织、矿业供水的坝，因纺织工业迁移、矿业停工等导致大坝退役。

　　加拿大有 804 座大坝，其中 596 座大坝以发电为主，占 64%，水库总库容为 6500 亿立方米，总装机为 67121 兆瓦，有 3454 兆瓦在建，另有抽水蓄能装机 174 兆瓦。2000 年水电发电量为 353 兆瓦时。

　　巴西有大坝 823 座，水库总库容为 5680 亿立方米，其中专为发电修建的大坝有 240 座，占大坝总数 29%，水电总装机 64000 兆瓦，年发电量为 300 千瓦时。

◎目前，世界水电与大坝建设的动态

　　20 世纪是修建大坝高速发展的时期，国内外不同领域的专家、学者，对大坝建设提出了各种疑问，对水电作为清洁、可再生能源具有重要作用和大坝在满足人们许多重要需求方面有十分有效的认识，也从不同角度进行了深化。学者提出的这一系列的问题在水利水电领域内和领域外引起了广泛的关注和讨论，也曾引起了世界银行、亚洲开发银行等国际组织和有关国家政府的重视。目前，围绕水电开发与可持续发展而展开的这场争论在国外已开始转向重新关注水和电的开发。

　　世界银行在 2003 年同意向尼泊尔贷款 7540 万美元建立水电站，这是 1995 年以后世界银行在尼泊尔的第一次水电贷款。在印度，原来争议非常大的并引起世界广泛关注的 SAROVAR 工程（位于 NARMADA 河），因争议停工多年后，2002 年已继续建设。在美国，环保部门、渔业部门很多人提出应该拆除俄勒冈州蛇河上的坝，最后总统裁定不能拆除，认为蛇河上的坝是符合国家利益的，责成陆军工程师兵团为下游鱼类的迁移研究其他设施。目前世界上有 165 个国家已明确将继续发展水电，其中 70 个国家在建总装机为 101 吉瓦，110 个国家规划建设 338 吉瓦。

　　在亚洲国家中，除中国目前正大力发展水电外，印度、土耳其、尼泊尔、老挝、越南、巴基斯坦、马来西亚、泰国、缅甸、菲律宾、斯里兰卡、哈萨克斯坦、约旦、黎巴嫩、叙利亚等国家也都有大型的水电项目正在建设。日本、朝鲜水电开发程度较高，大型的抽水蓄能项目建设速度比较快。在日本，目前正有 6 个抽水蓄能电站在建，另外还有 3 个正在规划当中。

非洲国家的水电开发度、水资源调控能力都比较低，60 米以上高坝总共 11 座，目前有 20 多个非洲国家在建水电工程。

欧洲是世界上工业化最早的地区，水电发展也最早，它已经有上百年的历史了。到目前，欧洲正在建装机 2270 兆瓦，分布在 23 个国家，另有规划中的水电装机 10 吉瓦。

北美正在建有 5790 兆瓦的水电工程，分布于 10 个国家，在规划中还有 15 吉瓦的水电站。北美国家中，如美国、加拿大都有新的大坝建设，美国有两座 60 米以上的大坝在建。加拿大魁北克未来十年水电计划增加 20％的装机。

目前，南美高坝建设比较多，在建或是待建 200 米左右的大坝特别多，主要集中在巴西、委内瑞拉、阿根廷等国家，有 17 吉瓦水电工程在建，分布 10 个国家，规划待建项目还有 59 吉瓦。

在大洋洲，灌溉建坝、小水电开发建坝及电站更新改造项目不少，但规模都不大，规划待建的水电项目有 647 兆瓦。

2002 年，世界各国在建高度 60 米以上的大坝 349 座，其中中国、土耳其、伊朗、日本、印度、西班牙在建坝数量较多。

◎中国水能资源分布特点和现状

1. 中国水能资源丰富，但分布不均。中国水能资源呈西多东少的形式，大部集中于西部和中部地区。在全国可能开发水能资源中，东部的华东、东北、华北三大区总共仅占 6.8％，中南地区占 15.5％，西北地区占 9.9％，西南地区占 67.8％，其中，除西藏外，川、云、贵三省占全国的 50.7％。

2. 资源的开发和研究程度较低。目前已开发资源约为 15％左右。

3. 大型电站比重大，且分布集中。各省（区）单站装机 10 兆瓦以上的大型水电站有 203 座，其装机容量和年发电量占总数的 80％左右，而且 70％以上的大型电站集中分布在西南四省。

4. 中国地少人多，建水库往往受淹没损失的限制。而在深山峡谷河流中建水库，虽可减少淹没损失，但需建高坝，工程较艰巨。

5. 中国气候受季风影响，降水和径流在年内分配不均，夏秋季 4～5 个月的径流量占全年的 60％～70％，冬季径流量很少，因而水电站的季节性电能较多。为了有效利用水能资源和较好地满足用电要求，最好建水库调节径流。

6. 中国大部分河流，特别是中下游，往往有防洪、灌溉、航运、供水、水产、旅游等综合利用要求。在水能开发时需要全部规划，使整个国民经济得到最大的综合经济效益和社会效益。

◎中国水能资源的特点

1. 中国的水力资源总量较多，但开发利用率低，中国水力资源总量占世界总量 16.7%，居世界之首。但是，目前中国水能开发利用量约占可开发量的 1/4，低于发达国达 60% 的平均水平。

2. 中国的水力资源分布不均与经济发展不匹配。中国水力资源西部多，东部少，都集中在西南地区，而经济发达、能源需求大的东部地区水力资源极少。

3. 水力资源主要集中于大江大河，有利于集中开发和向外开发。

▶ 小 链 接

　　最新综合评估显示，中国水能资源理论蕴藏量近 7 亿千瓦，占常规能源资源量的 40%。其中，经济可开发容量近 4 亿千瓦，年发电量约 1.7 亿千瓦时，是世界上水能资源总量最多的国家。

专家针对中国水能利用的实际情况分析之后得出：应制定水资源综合利用规划，实施流域综合开发，建立健全流域水资源开发的决策机制，做到水能资源的合理开发、科学决策；坚持"开发中保护、保护中开发"的原则，高度重视环境保护，促进人与自然的协调发展；适当地吸纳民间闲置资金来进行水电建设；加强国际间的交流与合作，引入国外资本，汲取先进的水电建设及管理经验。目前，在世界能源日益紧缺的大背景下，如何充分利用水能，并且同时还能更好地保护环境、实现可持续发展，已成为中国水电建设乃至能源战略调整的必然选择。

|拓展思考|

1. 你知道全球的水资源分布状况吗？

2. 未来的水资源将面临怎样的挑战和发展？

3. 发展水能的意义是什么？

认识我们身边的水能

水利的发展旅程

Shui Li De Fa Zhan Lv Cheng

水是人类生活和生产活动中必不可少的物质，就像人类不能缺少氧气一样。在人类社会的生存和发展中，需要不断地适应、利用、改造和保护水环境。在现代生活中，水利事业随着社会生产力的发展而不断发展，并成为人类社会文明和经济发展的重要支柱。

在原始社会时期，人类的社会生产能力低，没有改变自然环境的能力，只能依赖于天气的变化，人们逐水草而居，择丘陵而处，靠渔猎、采集和游牧为生，对自然界的水只能趋利避害，消极适应。进入奴隶社会和封建社会后，随着铁

※ 不能缺少的水

器工具的发展，人们在江河两岸发展农业，建设村庄和城镇，并产生了防洪、排涝、灌溉、航运和城镇供水的需要，从而开创和发展了水利事业。

在中国古代，人们为保证水稻生长的环境湿润，他们在田沿筑起土埂，防止田内余水流失，大大提高了水稻产量。他们还使用桔槔，把桔槔绑在一根竖立的架子上再加上一根细长的杠杆，当中是支点，末端悬挂一个重物，前段悬挂水桶。当人把水桶放入水中打满水以后，由于杠杆末端的重力作用，便能轻易把水提拉至所需处。桔槔早在春秋时期就已相当普遍，而且延续了几千年，是中国农村历代通用的旧式提水器具。

古代亚述国王时期，他在首都四周种满珍稀植物，为了能够让植物安然地生长，必须要有充沛的水源，所以他修了一条长长的运河，用其从附近的水源处引水灌溉这些植物。

在墨西哥前首都特诺奇蒂特兰四周有许多湖，阿兹泰克人在湖中建台田。他们挖出湖里的淤泥铺在田上，再种上作物。阿兹泰克人在台田周围挖了沟渠，类似于中国将水田用于灌溉。

以色列位于沙漠之中，沙漠占国土面积的60％，不仅耕地少，而且属于一个半干旱地区，降雨量少、季节性强、区域分布不均、淡水资源缺乏的问题特别严重。以色列国出于生存和发展的需要，在建国初期就制定了相关法律，宣布水资源为公共财产，由专门机构进行管理。以色列为了解决缺水的问题，所以他们除兴修水利外，还大力发展节水技术。农业生产中基本不见的漫灌、沟灌、畦灌方法。在20世纪70年代末以前，在农业生产中多采用喷灌来进行灌溉，占灌溉面积的87％，滴灌占10％。到了80年代后，滴灌技术开始普遍采用，目前已占灌溉面积的90％，主要用于蔬菜、水果、花卉、棉花等种植。滴灌投资并不比喷灌高，不仅节水，而且对地形、土壤、环境的适应性强，不受风力和气候影响，肥料和农药可同时随灌溉水施入根系，不仅省肥省药，还可防止产生次生盐渍化，消除根区有害盐分。滴灌技术的采用，使作物产量成倍增长，种植业产值的90％以上来自灌溉农业。

◎水利的发展

18世纪是产业发展的重要时期，在这个时期，科学和技术的发展也得到了很大的提高，一些国家开始进入以工业生产为主的社会。水文学、水力学、应用力学等基础学科的长足进步，各种新型建筑材料、设备、技术，如水泥、钢材、动力机械、电气设备和爆破技术等的发明和应用，使人类改造自然的能力大为提高。但是，随着人口的大量增长和城市的迅速发展，人类也对水利提出了新的要求。19世纪末，人们开始建造水电站和大型水库以及综合利用的水利枢纽，水利建设朝着大规模、高速度和多目标开发的方向发展。

水利工程曾是土木工程系中的一门课程，它与道路、桥梁、公用民用建筑并列。水利工程具有以下特点：水工建筑物受水作用，工作条件复杂、施工难度大；各地的水文、气象、地形、地质等自然条件有差异，水文、气象状况存在或然性，因此，大型水利工程的设计，总是各有特点，难于划为整体来进行规则；大型水利工程投资大、工期较长，对社会、经济和环境有很大影响，既可有显著效益，但若严重失误或失事，又会造成巨大的损失或灾害。由于水利工程具有自身的特点，以及社会各部门对水利事业日益提出更多和更高的要求，这促使水利学科在20世纪上半叶逐渐成为独立的科学。

◎水利的现状

在第二次世界大战之后，各国经济得到了恢复和发展。伴随着系统论、控制论、信息论等新理论和电子计算机、遥感、微波通信等新技术的出现，水利事业进入蓬勃发展的新时期。但是，由于在某些地方对水土资源的过量开发，并且未能有效地进行保护，所以对水土造成了恶果。例如：大量侵占江河湖泊水域，降低了防洪能力；滥伐滥垦森林草原，加剧了水土流失；工矿排放有毒废水，污染了水源；超量开采地下水，造成了水源危机等。所以，水利又面临许多新的问题。

通观历史可以发现，人类与水的关系一直是既适应又矛盾。在现代社会中，随着人类社会的不断发展，人与水的矛盾也在不断变化，需要不断地采取水利措施加以解决，而每一次大规模成功的水利实践，都会进一步提高水利在人类发展过程中的重要地位。

◎水和地震之间的特征联系

当大陆地壳板块通过与天文星系交汇时会产生滑移，所以，在观察和观测河流、水库、水井、池塘、湿地、土地旱情等与水相关联的特征参数时，会对地壳滑移状况和分布取得较为精确的数据，旱区是水流失严重的地区，同时也是大陆板块地壳滑移最严重的区域。

局部的矿井、水渗透、海水渗透等现象，以及高坡陡峭意外塌方，都是地壳滑移之后造成的，在下雨时会表现出垮塌，也是地壳滑移的表现。

注重水文观测和水土流失，以及重灾旱情都是地壳滑移表现，是地震和微弱地震的外在表现，可以提供足够的地震数据跟踪实证。

◎水和水系之间的特征关系

水系是指江、河、湖、海、水库、渠道、池塘、水井等及其附属地物和水文资料的总称。

一些地区的每年汛期、定期来讯、水量极大等都是水系表现，对于各个区域出现这样的情况，应积极利用，挖库扩容清淤，汛期蓄水，储存淡水，涵养水源，表面看起来总是山洪暴发和汛期抗洪，如果没有了解水系来水规律，来水就抗，水也没存贮，那么结果是旱时无水，涝时不存。

易发山洪区域，应该积极开发水利存储和库容设施，自然改善生态，坚持实施，就会改善局部气候环境，生态会持续向好，节省候补的经济建设投入，形成良性循环生态动态平衡。

◎中国水利的历代发展

水利在中国有着重要地位和悠久历史，历代有为的统治者，都把兴修水利作为治国安邦的大计。传说早在公元前 21 世纪，禹主持治水，平治水土，疏导江河，三过家门而不入，一直为后人所崇敬。及至春秋战国时期，中国已先后建成一些相当规模的水利工程。其中如淮河的芍陂和期思陂等蓄水灌溉工程，华北的引漳十二渠灌溉工程，沟通江淮和黄淮的邗沟和鸿沟运河工程，以及赵、魏、齐等国修建的黄河堤防工程，都是这一时期的代表性水利建设。

第一，战国时期

战国末期时，秦国国力殷实，重视水利，及至统一中国，生产力也有了较大发展。四川的都江堰、关中的郑国渠（见郑白渠）和沟通长江与珠江水系的灵渠，被誉为秦王朝三大杰出水利工程。国家的昌盛使秦汉时期出现了兴修水利的高潮。汉武帝瓠子堵口、东汉王景治河等都是历史上的重大事件。在甘肃的河西走廊和宁夏、内蒙古的黄河河套，也都兴建了引水灌溉工程。

第二，隋唐时期

中国水利的鼎盛时期就是隋唐北宋五百余年间。那时，社会稳定、经济繁荣，水利建设遍及全国各地，技术水平也有提高。隋朝投入巨大人力，建成了沟通长江和黄河流域的大运河，把全国广大地区通过水运联系起来，对政治、经济和文化的发展都产生了深远影响。唐代除了大力维护运河的畅通、保证粮食的北运外，还在北方和南方大兴农田水利，包括关中的三白渠、浙江的它山堰等较大的工程共 250 多处。唐末以后，北方屡遭战乱，人口大量南移，使南方的农田水利迅速发展。太湖地区的圩田河网、滨海地区的海塘和御咸蓄淡工程，以及利用水力的碾硙、水碓等都有较大的发展。水利法规、技术规范已经出现，如唐《水部式》、宋《河防通议》等。

第三，元明时期

从元明到清朝中期，中国水利又经历了六百年的发展。元代建都北京，开通了京杭运河。黄河自南宋时期夺淮改道以来，河患频繁。明代大力治黄，采用"束水攻沙"，固定黄河流路，修建高家堰，形成洪泽湖水库，"蓄清御黄"保证漕运。这些措施对明清的社会安定和经济发展起了很大作用，但也为淮河水系留下严重的后患。在长江中游，强化荆江大

认识我们身边的水能

堤,并发展洞庭湖的圩垸,促进了两湖地区的农业生产。珠江流域及东南沿海的水利建设也有很大发展。但从整体看来,自 16 世纪下半叶起,中国水利事业的发展趋势缓慢。

第四,清朝时期

清末民国时期,内忧外患频繁,国家无力兴修水利,以致河防失修、灌区萎缩、京杭运河中断,水利处于衰落时期。但是海禁渐开,西方的一些科学技术传入中国,成立了河海工程专门学校等水利院校,培养水利技术人才。各地开始设立雨量站、水文站、水工试验所等;研究编制了《导淮工程计划》、《永定河治本计划》等河流规划。在这一期间也修建了一些工程,如 1912 年在云南建成了石龙坝水电站,20 年代修建了珠江的芦苞闸,30 年代修建了永定河屈家店闸、苏北运河船闸和陕西的关中八惠灌溉工程等。但在全国范围内,水旱灾害日益严重,整治江河、兴修水利已成为广大人民的迫切要求。

第五,建国后

1949 年中华人民共和国成立后,水利进入飞跃发展时期。经过 40 年的努力,中国在水利上取得的成就远远超过前代的成就。建国之后,对黄河、淮河、海河、辽河等江河开始了全面的整治。全国整修加固堤防约 20 万千米,修建了大、中、小型水库共 8 万多座,总库容 4500 亿立方米,普遍提高了江河的防洪能力,初步解除了大部分江河的常遇水害,并为工农业和城市供水 4700 亿立方米。农田水利方面,建成了万亩以上的灌区 5300 多处,配套机井 250 多万眼,全国灌溉面积由 1949 年的 2.4 亿亩猛增到 80 年代的 7.2 亿亩,居世界首位。在不足全国耕地一半的灌溉土地上,生产出占全国产量 2/3 的粮食和占全国产量 60% 的经济作物。中国以占世界 7% 的耕地,基本解决了占世界 22% 的人口的温饱问题。全国水电装机到 1987 年已超过 3000 万千瓦,年发电量达 1000 亿千瓦·小时,占全国总发电量的 20%。全国内河航运的里程已发展到 11 万千米,年货运量达 6.6 亿吨。与此同时,中国水利建设的科技水平也有很大提高,在修建高坝大库、大型灌区、整治多沙河流、农田旱涝盐碱综合治理和小水电开发等许多方面已接近或达到世界先进水平。

20 世纪 90 年代,人类面临人口急剧增长,水资源日益紧张和水环境的日趋恶化的问题。世界人口 1930 年约为 20 亿,到 1987 年已达到 50 亿,20 世纪末增至 63 亿,其中发展中国家的人口增长速度远远超过工业发达国家。人口的急剧增长,相应地要求增产粮食,特别对于发展中国家更是首要任务。随着人口增长和经济的发展,对水的需求将大大增加。但是世界上不少地方,如亚洲的中部及西部、非洲的东部和北部、美洲的西部以及东欧部分地区，都已不同程度地出现水源危机。向节水型社会发展，已成为世界性的发展趋势。随着人类利用自然和改造自然的能力的提高，自然界也受到不同程度的影响和破坏。展望未来，人类必须更加自觉地加强水资源的管理，防治水土资源的恶化，保证水环境的良性发展。

中国是一个人口众多的发展中国家，到目前为止，全国人口已超过13亿。在人口持续增长的情况下，缺水形势也随之变得更加严峻。所以，我们必须从自己的国情出发，使水利为实现国民经济和社会发展的战略目标提供全面服务。我国要继续巩固和提高江河的防洪能力，特别是保证人口密集和经济发达的广大平原的防洪安全；要在河流上继续修建调节工程，使江河径流得到充分的利用，并修建必要的跨流域调水工程，使全国供水能力从20世纪80年代末的4700亿立方米增加到6500亿立方米；要巩固和改造现有灌区，适当扩大灌溉面积，使全国有灌溉设施的土地从7.2亿亩增加到8亿亩，并结合改造中低产田，使全国粮食产量达到5亿吨。中国的水能资源居世界首位，但开发程度较低，应大力开发利用水能，使水电装机达到8000万千瓦。要发挥水运的优越条件，增加内河航运在交通运输中的比重。在综合开发利用水资源的同时，还要加强水土保持、防治水质污染、改善城乡的供水条件；利用水利设施发展水产和旅游事业等。

小链接

·国家节水标志的作用·

"国家节水标志"由水滴、人手和地球变形而成的，既是节水的宣传形象标志，同时也作为节水型用水器具的标志。绿色的圆形代表我们的地球，象征节约用水是保护地球生态的重要措施。标志留白部分像一只手托起一滴水，手是拼音字母JS的变形，寓意节水，表示节水需要公众参与，鼓励人们从我做起，人人动手节约每一滴水；手又像一条蜿蜒的河流，象征滴水汇成江河。

拓展思考

1. 水利是从什么时候开始发展？
2. 从元明到清中期，中国水利经历了怎样的发展历程？

水
能——河流能源

SHUINENG——HELIUNENGYUAN

第三章

　　河流能源也是水能的一种，也许有人会觉得疑惑，河流有什么能源呢？其实河流不仅是我们闲暇时游玩观赏的好去处，而且也是一种隐含着很多潜在能源的天然绿色资源。你知道世界上著名的河流有哪些吗？你知道河流为我们带来了些什么吗？让我们一起去探寻吧！

认识我们身边的河流能源

Ren Shi Wo Men Shen Bian De He Liu Neng Yuan

我们大家都知道河流，它是陆地表面成线形的自动流动的水体。世界不少著名河流如长江、亚马逊河都是这样流动的。河流的源头一般是在高山上，然后沿地势向下流，一直流入像湖泊或海洋般的终点。

因为，大自然中有了河流，才使这个地球显得生意盎然、灵动多姿；大自然中有了河流，才使得人类能够在地球上生存。大自然中所有的生命都离不开水。

河流就像是错综复杂的彩带盘绕在地球上，也正因如此，才使得地球变得如此美丽，才使地球多了许多的乐趣。河流不仅是人们欣赏大自然的一道美丽的风景，有时怒吼的河流也会显示着它的愤怒，并给人类带来许多的灾害。

河流是陆地表面上经常或间歇有水流动的线形天然水道。在中国，我们河流的大小依次排列为江、河、川、水，较小的称溪、涧、沟、曲等。每条河流都有各自的河源和河口。河源是指河流的发源地，有的是泉水，有的是湖泊、沼泽或是冰川。各河的河源情况也不一样。河口是河流的终点，即河流

※ 美丽的河流

※ 河流

流入海洋、河流（如支流流入干流）、湖泊或沼泽的地方。在干旱的沙漠区，有些河流的河水沿途消耗于渗漏和蒸发，最后消失在沙漠中，这种河流称为内流河。每一条河流根据水文和河谷的地形特征又分为了上游、中游、下游三段。

人类的社会文明起源于河流文化，人类社会发展积淀于河流文化，河流文化的发展推动了社会发展。河流文化作为人类的文化和文明类型，被人类认知已有很长的历史了，人们将河流文化称为是"大河文明"，如尼罗河文明、幼发拉底河和底格里斯河流域的两河文明、印度河文明、黄河文明。这些大河文明与人类文明息息相关，是人类文明的源泉和发祥地。河流与人类文明的相互作用，造就了河流的文化生命。河流存在于地球上的时间比人类更早，河流供养生命的持续，使地球充满生机。河流与人类社会的

※ 小溪

关系具有悠久的历史，河流文化生命概念的提出，扩展了社会调控范围，并且引起了一系列的变革。

中国境内的河流，仅流域面积在 1000 平方千米以上的就有 1500 多条。全国径流总量达 27000 多亿立方米，相当于全球径流总量的 5.8%。由于主要河流多发源于青藏高原，所以落差很大。注入海洋的外流河流域面积约占全国陆地总面积的 64%。流入内陆湖泊或消失于沙漠、盐滩之中的内流河，流域面积约占全国陆地总面积的 36%。长江、黄河、黑龙江、珠江、辽河、海河、淮河等向东流入太平洋；西藏的雅鲁藏布江向东流出国境再向南注入印度洋；新疆的额尔齐斯河则向北流出国境注入北冰洋。新疆南部的塔里木河，是中国最长的内流河，全长 2179 千米。河流文化孕育了人类早期文明，人类社会文明发展积淀河流生命。河流文化扩展了社会调控的范围，促进了社会政治变革、经济变革和文化变革。

◎河流都有哪些作用

河流对地球表面起着削高补低的作用。河水是一种流体，具有动能，

所以它无时无刻在对地表进行作用，使之发生变化。

流水的侵蚀、搬运和堆积作用是经常变化和更替的。对一条河流来说，在正常情况下，上游以侵蚀作用为主，下游则是以堆积作用为主。如果河流水量减少，泥沙物质增多，在河流上游也可以以堆积作用为主。如果海面下降，下游段也可转化为以侵蚀作用为主。在同一时间、同一地段内，侵蚀和堆积作用也能同时进行，搬运作用则是联结二者的纽带。

※ 河流

河流依靠自身的动能对其边界产生的冲刷、破坏作用，包括冲蚀、磨蚀和溶蚀作用。按作用的方向又可以分为：下蚀、旁蚀和溯源侵蚀。河水具有动能，流动的河水对地表岩石进行机械冲刷并使其逐渐剥离，河水中挟带的砂、砾石也不断对之摩擦和撞击，当河流流经可溶性岩石分布地区时，河水可溶解岩石。侵蚀作用的强弱和变化决定于河床水流的强度及组成河流边界的抗冲能力。

※ 河流

◎河流的下蚀作用

水流向下具有侵蚀作用，水流向下流动可以使河床形成沟床并不断加深。下蚀方式有：

1. 河水对河床岩石的直接撞击冲刷；

2. 河水以挟带的岩石碎屑对河床岩石的撞击和摩擦；

3. 对跌水基面处的凹坑（壶穴）掏刷（见河流袭夺）；

4. 河水对可溶性岩石（如石灰岩、白云岩）进行溶解下蚀。

河流下蚀作用的大小主要是取决于河床水流的强度和组成河床边界物质的抗蚀能力，河流的流速愈大，对河床边界物质的冲击能力就会愈大，则愈利于将石块和泥沙颗粒卷入水中带走。不同物质的抗冲能力是不一样的，粒径在 0.05～0.5 毫米的细砂最容易被侵蚀，随粒径的增大（中、粗砂、卵石）或减小（粉砂、黏土），抗冲能力都会有所变化。不同岩性的基岩抗冲能力不同，据实验研究，运动状态下，不同岩性推移质的磨损系数分

※ 冬天的河流

别为：石英岩 0.58×10^{-3}，变质岩 1.53×10^{-3}，沉积岩 6.75×10^{-3}，风化的火山岩 11.10×10^{-3}。

地壳构造的运动对河流的下蚀作用也有很大的影响：当地壳急速上升的时候，河流比降加大，下蚀作用也会增强；地壳稳定或下沉时，下蚀作用减弱。旁蚀作用又称侧蚀作用，即水流侧向的侵蚀作用，使河床左右迁徙或谷坡后退，包括机械侵蚀和化学溶蚀等方式，结果是河床摆动，河谷加宽，并形成曲流。溯源侵蚀又称向源侵蚀，河床深切作用逐渐向河流上游方向发展，是下蚀作用的一种特殊形式。其过程是，由于斜坡上沟谷下段的水量大于上段，侵蚀作用也大于上段，所以出现了水蚀凹地，凹地的形成使河谷纵剖面变陡，因而流速变大，使水流下蚀更为剧烈，且集中在坡度最陡的凹地的上段，结果使 b 逐步移动到 b1、b2、…

河流把侵蚀河床基岩和谷坡岩层的产物移动到其他的地方作用。其中大部分是不溶于水的机械搬运，小部分是溶于水中的化学搬运。被机械搬运的碎屑物有三种运动方式：1. 悬移，颗粒悬浮于水中随水流而搬运，其悬移物称为悬移质；2. 推移，颗粒依附于床面，随水流作滑动或滚动，其推移物称为推移质；3. 跃移，这是介于上述两者之间的过渡状态，颗

粒时而被悬移，时而被推移，以跳跃的方式前进，其跃移物被称为跃移质。物质的搬运方式随水动力的大小变化，当水动力减小时，某些悬移质变为跃移质，某些跃移质变为推移质；当水动力增大，变化情况相反。

被河流携带的物质停止搬运而发生的沉积作用，沉积下来的碎屑物则称为冲积物，形成的堆积地貌最为主要的是冲积平原。

河流是地球上水分循环的重要路径，对全球的物质、能量的传递与输送起着重要作用。流水还不断地改变着地表形态，形成不同的流水地貌，如冲沟、深切的峡谷、冲积扇、冲积平原及河口三角洲等。在河流密度大的地区，广阔的水面对该地区的气候也具有一定的调节作用。

※ 水蚀凹地

地形、地质条件对河流的流向、流程、水系特征及河床的比降等起制约作用，河流流域内的气候，特别是气温和降水的变化，对河流的流量、水位变化、冰情等影响很大。土质和植被的状况又影响河流的含沙量。一条河流的水文特征是由多方面因素综合作用的结果，例如河流的含沙量，既受土质状况、植被覆盖情况的影响，又受气候因素的影响；降水强度不同，冲刷侵蚀的能力也就不同，因此在土质植被

※ 江河

状况相同的情况下，暴雨中心区域的河段含沙量就相对较大。

河流与人类的关系极为密切，因为河流暴露在地表，河水取用方便，

是人类可依赖的最主要的淡水资源，也是一种可以更新的能源。

中国的河流具有数量多、地区分布不平衡、水文特征地区差异大、水力资源丰富等特点，形成这些特点的原因与中国领土广阔，地形多样，地势由青藏高原向东呈阶梯状分布，气候复杂，降水由东南向西北递减等自然环境有着密切的关系。

中国的东北平原、华北平原、长江中下游平原以及四川盆地内部的成都平原，都是由河流的冲积作用形成的冲积平原。黄土高原上很多地方受流

※ 湍急的河流

水侵蚀，使地形具有独特的特征。因此，河流知识是学习分区地理重要的基础知识。

河流为中国的建设提供了淡水资源和能源，中国河川径流量为 2.61 万亿立方米，居世界第六位，为农业提供了丰富的灌溉水源。中国的农田灌溉水量及灌溉面积均居世界第一位。河流还具有养殖、航运之利，并为人类提供了生活及工业用水。

▶ 小 链 接

· 河流的梯形开发 ·

河流的梯形开发方式就是在河流或河段上布置一系列阶梯式的水利枢纽。其主要目的是为了充分利用河流落差和渠化河道，最大限度地开发河流的水能、水运资源。中国的黄河上游、猫跳河、以礼河，美国的哥伦比亚河，法国的罗讷河，以及其他许多河流都先后进行了梯级开发，并取得了较大的综合效益。

水力梯级开发是河流水力资源开发的主体形式。根据河流各段不同落差，逐级修建水坝，以集中落差，调节流量，达到河流水力资源的合理开发和综合利用。河流（特别是大河）水力梯级开发是一项复杂的系统工程。这要求按照全面规划、统筹兼顾、综合平衡的原则，协调好干支流、上中下游、库容和装机容量与淹没损失，以及发电与防洪、灌溉、航运、供水、生态环境与旅游等多方面的关

系，最大限度地满足国民经济各部门对河流水力资源开发的要求。有效的河流水力梯级开发会对整个流域的社会经济发展产生持久的推动作用，因此，它往往成为水力资源丰富地区区域规划的一个主要内容。世界经济发达国家在工业化初期及中期，都很重视本国大河的水力梯级开发工作，如20世纪30年代美国田纳西河流域、50年代苏联的伏尔加河流域的梯级开发等。

　　河流的梯级开发具有很重要的作用。首先，分河段修建水库和船闸，能改善不稳定径流，使各河段水位相对平衡，利于通航；其次，更好地抵御洪涝灾害，利用落差发电（冶金工业、保护森林、改善环境）；第三，水源充足改善小气候（地力和植被得到恢复）；第四，利于蓄水为农业提供灌溉水源。

拓展思考

1. 你知道河流是什么能源吗？
2. 河流是怎样转换成能源的？
3. 你知道河流都有哪些作用吗？

认识我们身边的水能

中国的河流分布与能源利用

Zhong Guo De He Liu Fen Bu Yu Neng Yuan Li Yong

中国的河流众多，水资源丰富，仅是流域面积在 1000 平方千米以上的河流就高达 1500 多条，这些河流在中国大地上交纵复杂的盘结着，为中国提供了丰富的水能源。全国的河流径流总量高达 27000 多亿立方米，占全球总径流量的 5.8%，水资源储存量居世界第一。中国主要河流的发源地都在青藏高原上，所以水位落差都很大。

◎外流河

※ 河流

中国的河流众多，特别是外流河域，例如举世闻名的长江和黄河，这两条河流就是发源于青藏高原的外流河。黄河被人们称为是"母亲河"，它灌溉中华文明的发展，而长江则是缔造现代人民文化经济的重要河流之一。

外流河就是指那些直接或间接流入海洋的河流，外流河的流域称为外流区。中国外流河主要分布于东部季风区，河水量受降水影响大，河流的流量、水位随降水的季节变化明显，夏季普遍形成汛期。因此，外流河往往能够形成庞大的水系，河流量也很大，并且大多数都是常流河。

外流河的水主要是作外循环的，它的用途就是把陆地上大量的径流量输运到海洋中去。然而，河水矿化度则是由上游向下游逐渐递减的。

中国的外流河很多，它的总面积占中国土地总面积的 64%。外流流域由分水岭将其与内陆流域分开，但并不绝对。由于特殊的气候和地形条件，在外流区域内有小面积内流区，如嫩江中下游沿河洼地、鄂尔多斯高原北部、藏南高原上一些封闭的湖盆等。但在一定条件下，也有外流河转化为内流河，如青海湖水系，原与黄河沟通，后因地质构造变动和湖面降低，遂变成内流水系。

流入外境的中国外流河共有 8 条：

1. 雅鲁藏布江（西藏出境）——布拉马普特拉河（印度）；
2. 澜沧江（经云南出境）——湄公河（老挝）；
3. 怒江（经云南出境）——萨尔温江（缅甸）；
4. 狮泉江（西藏出境）——印度河（克什米尔）；
5. 象泉河（西藏出境）——萨物累季洒（印度）；
6. 马甲藏布（孔雀河，西藏出境）——呼那卡那里河（尼泊尔）；
7. 朋曲河（西藏出境）——阿龙河（尼泊尔）；
8. 额尔齐斯河（新疆出境）——额尔齐斯河（俄罗斯）。

长江

长江是中国第一大河，也是亚洲第一大河，全长 6397 千米。长江的发源地则是青藏高原唐古拉山的主峰各拉丹冬雪山。长江是世界上第三大河，仅次于非洲的尼罗河与南美洲的亚马逊河，水量也是世界第三。长江流域总面积为 1808500 平方千米，其中不包括淮河流域，约占全国土地面积的

※ 长江

1/5，与黄河一起被称为"母亲河"。

长江流域自西到东约 3219 千米，由北至南 966 千米余。长江流经：青藏高原—青海—西藏—四川—云南—重庆—湖北—湖南—江西—安徽—江苏—上海—东海。长江发源于中国西部，长江完全或部分流经包括西藏自治区在内共有 13 个省区。

从人口分布来看，长江流域人口分布不均衡。人口最密集的地方在华中和华东毗连长江两岸及其支流的平原，西部高原地区流域人口最为稀少。此外，长江有 3/4 以上的流程都是在山区里穿越。长江有雅砻江、岷江、嘉陵江、沱江、乌江、湘江、汉江、赣江、青弋江、黄浦江等重要支流。其中汉江最长，干流以北的是雅砻江、岷江、嘉陵江和汉江。干流以南的是乌江、湘江、沅江赣江和黄浦江。其中南水北调中线的水源地就是

汉江中上游的丹江口水库。

长江流域也是中国巨大的粮仓，它每年的产粮几乎占全国的一半，其中水稻占全国总量的70％。此外，在长江流域还种植其他农作物，有棉花、小麦、大麦、玉蜀黍、大豆等等。长江流域人口在百万以上的大城市主要有上海、南京、武汉、重庆和成都等。

长江水流量较大，基水能开发总量达2亿千瓦，因此长江成为中国水能最丰富的河流。长江的主要水能资源集中在中国第一阶梯和第二阶梯、第二阶梯与第三阶梯的交界处，因为此处地势陡然下降，起伏较大，导致此处水流湍急。长江干流可供通航的里程达2800多千米，素有三峡大坝"黄金水道"之称。

长江在重庆奉节以下至湖北宜昌一段以雄伟险峻而著称，其中三峡江段有瞿塘峡、巫峡、西陵峡，世界最大的水利枢纽工程—三峡工程位于西陵峡中段的三斗坪。此外，长江沿岸还建有葛洲坝水电站，丹江口水电站等一系列的水利工程。

黄河

黄河被称为是中国的"母亲河"，千百年来，它养育着中华民族的儿女。黄河全长为5464千米，是中国第二大河。黄河的流域面积达752442.76平方千米，流经9个省区，在中国北方蜿蜒流动。从高空俯瞰，黄河恰似一个巨大的"几"字形，又像我们中华民族那独一无二的图腾——龙。

黄河的发源地为巴颜喀拉山北麓的卡日曲、约古宗列渠，其源头为巴颜喀拉山脉的雅拉达泽峰，干流长度4675千米，平均流量1774.5立方米/秒，在山东省东营市垦利县注入渤海。上、

※ 黄河

中游分界点是内蒙古自治区的河口镇，中、下游分界点是河南省的旧孟津。黄河在入海口的宽度为1500米，一般为500米。黄河最窄的地方只

有 50 米，水深一般为 2.5 米，但有的地方深度仅有 1.2～1.5 米。

黄河流域位于北纬 32°～42°，东经 96°～119°，南北相差 10 个纬度，东西跨越 23 个经度。黄河从源头至河口之间的落差为 4830 米。在黄河流域内，石山区占 29%，黄土和丘陵区占 46%，风沙区占 11%，平原区占 14%。可见，黄河流域区内地形较为复杂。

黄河干流贯穿九个省，从西到东分别为：青海、四川、甘肃、宁夏、内蒙古、陕西、山西、河南、山东，注入渤海。黄河的年径流量 574 亿立方米，平均径流深度 79 米，但水量不及珠江大，沿途汇集有 35 条主要支流，较大的支流在上游，有湟水、洮河，在中游有清水河、汾河、渭河、沁河，下游有伊河、洛河。渭河是黄河最大的支流。由于黄河两岸湖泊较少，而且河床较高，所以流入黄河的河流也很少。这样一来导致黄河下游流域面积也很小。

因为黄河的落差比较大，所以就显现出不同的地势特征。黄河从贵德至民和境内的海拔为 3000～1600 米，从民和下川口进入甘肃，这一段气候温和湿润，有"高原小江南"的美誉，水流清澈见底，又有"天下黄河贵德清"的说法。宁夏的宁夏平原和内蒙古的河套平原，正是由于处在黄河上游的河谷地带，此段水源丰沛，灌溉便利，农业发达，水草丰美，因此具有"塞上江南"的美称。

从年径流量上来看，黄河居中国第八位。黄河流域内，连同下游豫、鲁沿河地区共有 2 亿多亩耕地，1 亿左右人口。黄河全河多年平均天然径流量 580 亿立方米，流域平均年径流深 77 毫米，流域人均水量 593 立方米，耕地亩均水量 324 立方米。

在黄河中游，由于黄土高原的水土流失较为严重，支流带入大量泥沙，使黄河成为世界上含沙量最多的河流。最大年输沙量达 39.1 亿吨（1933 年），最高含沙量 920 千克/立方米（1977 年）。三门峡站多年平均输沙量约 16 亿吨，平均含沙量 35 千克/立方米。经中国世界纪录协会测定，黄河是世界上含沙量最多的河流。

◎内流河

中国的内流河也较多，大多都分布在中国西部半干旱和干旱地区。其中最具代表的有位于新疆维吾尔自治区的塔里木河和伊犁河。

大多数的河流都是流入江海等大的流域，但是内流河却不是，它是流入内陆湖泊或消失在沙漠里的河流。内流河发育在封闭的山间高原、盆地和低地内，支流少而短小，绝大多数河流单独流入盆地。由于缺乏统一的大水系，水量少，所以多数为季节性的间歇河。内流河的水分循环为内循环，矿化度由上游向下游不断增加。内流河流经的区域，称为内流区域（内流流域）。

塔里木河

塔里木河是中国最长的内流河，位于新疆维吾尔自治区的塔里木盆地北部。塔里木河有三源：南为和田河发源于喀喇昆仑山，长 806 千米；中游横穿 400 千米地塔克拉玛干沙漠，因沿途蒸发渗漏，河道断流，只在洪水期才有水流入塔里木河；西南源于叶尔羌河，是塔里木河最长的支流，源出喀喇昆仑山和帕米尔高原，长

※ 塔里木河

1079 千米；北源阿克苏河源于天山山脉西段，水量丰富，是塔里木河主要的水源，长 224 千米，南流到阿瓦提县肖夹克附近和叶尔羌河及和田河。这三条河流汇合后称为塔里木河。塔里木河若从肖夹克起到注入台特马湖长约 1100 千米；若以叶尔羌河河源起算长 2179 千米。塔里木河的流域面积达 198000 平方千米。

塔里木河的河水主要来自上游山地降水以及高山冰雪融水补给。从阿克苏河口到尉犁县南面的群克尔一带河滩广阔，河曲发育，河道分支多。洪水期无固定河槽，水流泛滥、分散，河流容易改道。在河谷洼地易形成湖泊、沼泽，群克尔以下河道又合成一支。在历史上，塔里木河河道南北摆动，迁徙无定，直到 1921 年是最后一次迁徙，主流向东流入孔雀河，流入罗布泊。1952 年，由于在尉犁县附近建筑河坝，使其同孔雀河分离，河水复经铁干里克故道流向台特马湖。塔里木河中、上游有大规模水利设施，1971 年建有塔里木拦河闸。此外，沿塔里木河沿岸还新建了许多农场。

塔里木河有三条源地，即天山的阿克苏河、喀喇昆仑山的叶尔羌河以及和田河，它们都是最后流入台特马湖。塔里木河是中国第一大内流河，全长 2179 千米，仅次于前苏联的伏尔加河（3530 千米）、锡尔——纳伦河（2991 千米）、阿姆——喷赤——瓦赫什河（2991 千米）和乌拉尔河

（2428 千米）。因此，塔里木河是世界上第五大内流河。

塔里木河本身并不是河流，而是由九大水系流入塔里木河而成。随着人类活动与气候变化的影响，20 世纪 40 年代以前，车尔臣河、克里雅河、迪那河相继与干流失去地表水联系，40 年代以后，喀什噶尔河、开都——孔雀河、渭干河也逐渐都脱离干流。原则上说，在南疆源自天山和昆仑山流入塔里木盆地的所有河流都可归为塔里木河水系，构成塔里木河流域。塔里木河流域是一个封闭的内陆水循环和水平衡的相对独立的水文区域。从目前来看，只有和田河、叶尔羌河和阿克苏河三条源流与塔里木河干流有地表水联系。此外，孔雀河通过扬水站从博斯腾湖抽水经库塔干渠向塔里木河下游灌区输水。这样以来，塔里木河就形成了"四源一干"的格局。

塔里木河流域是环塔里木盆地的九大水系、114 条源流和塔里木河干流的总称，流域面积为 102 万平方千米。流域多年平均地表水天然径流量 398.3 亿立方米，主要以冰川融雪补给为主，不重复地下水资源量为 30.7 亿立方米，水资源总量为 429 亿立方米。在塔里木河流内有 5 个地（州）的 42 个县（市）和兵团 4 个师的 55 个团场，全流域总人口 902 万人。流域内现有耕地 2044 万亩。

伊犁河

伊犁河位于亚洲中部，古称列水、伊丽水。伊犁河关系到西北农田的生长，它是一条著名的河流。古时塞人、月氏人、乌孙人、突厥人等生活于此河流域，唐代西征大军和蒙古成吉思汗的铁骑曾凭着木筏泅渡滔滔河水。伊犁河上游在中国新疆境内，发源于新疆天山西段，流域面积约 57 万平方千米，其水量居新疆众河之首，径流量约占全疆河流径流量的1/5，大约有 3/4 的水量流出国境。伊犁河的中、下游是在哈萨克斯坦境内。

伊犁河的雅马渡站以上都被称为上游，从雅马渡到哈萨克斯坦的伊村（卡普恰盖）为中游，伊犁村至巴尔喀什湖为下游。伊犁河全长 1236 千米，流域面积 15.12 万平方千米，年径流量 117 亿立方米，多年平均含沙量 0.59 立方米/秒，伊犁河干流在中国境内长约 442 千米，流域面积约 5.6 万平方千米，水资源相当丰富。由此可见，伊犁河是中国新疆境内径流量最丰富的河流。

伊犁河不仅是亚洲中部的一条内陆河，也是连接中国和哈萨克斯坦的一条国际河。伊犁河的上游有三条源流，即特克斯河、巩乃斯河和喀什河，主源为特克斯河。伊犁河发源于哈萨克斯坦境内的汗腾格里主峰北坡，由西向东流，进入中国，在东经82°北折向北流，穿过喀德明山脉，与右岸的巩乃斯河汇合，北流汇合喀什河后，始称伊犁河；西流150千米汇入霍尔果斯河后又回到哈萨克斯坦，继续西流进入卡普恰盖峡谷区并接纳最后一条大支流库尔特河，然后流经萨雷耶西克特劳沙漠区，最后注入巴尔喀什湖，这就是伊犁河的发源及流经方向。

伊犁河位于新疆境内天山北支婆罗科努山与南支哈尔克山之间，是中国天山水资源最丰富的山段。新疆集水区面积约5.7万平方千米，占新疆面积3.5%；年径流量153亿立方米（已扣除从哈萨克斯坦流入的水量14亿立方米），占新疆地表径流总量的19%；年均径流深268毫米，为新疆平均值的5.7倍，接近于全国年均径流值。在中国西北干

※ 伊犁河

旱地区，伊犁河流域是相对湿润的地区。

伊犁河集水区分为四部分，分别是：

第一，特克斯河，年径流量86亿立方米，主要源自于哈尔克山北坡。

第二，巩乃斯河，年径流量20亿立方米，穿过西部的新源县，经巩留县与特克斯河汇合。

第三，喀什河，它的年径流量为39亿立方米。

第四，雅马渡以下共有39条小支流，年径流量为21亿立方米。

在这四部分里面，伊犁北岸共有16条支流，年径流量为18亿立方米；在南岸共有13条支流，年径流量为3亿立方米。

伊犁河自伊宁市（中国境内）以下为通航河段，至哈萨克斯坦的巴卡纳斯港，可季节性通航，再往下可行汽艇。在哈萨克斯坦境内的阿拉木图州和塔尔迪库尔干州的伊犁河上，已修建卡普恰盖水库。水库于1970年开始充水，面积1850平方千米，容积281.4亿立方米，库长180千米，最大宽度为22千米，平均深度为15.2米，最大深度为45米，水位变幅约为4米，为多年调节水库。这座水库不仅可用于发电和灌溉，而且还是

认识我们身边的水能

阿木图地区以及南部哈萨克其他各城市居民的休养地。

伊犁河流域在中国境内的地表水资源可利用的为 176 亿立方米，可开采的地下水资源为 26.4 亿立方米。伊犁河在中国境内的水能蕴藏量约 700 多万千瓦，开发条件较好的坝址有 30 多处，装机容量 300 万千瓦。现已建成中小型水电站 132 座，总装机容量约 10 万千瓦，其中规模最大的是喀什河托海水电站装机 5 万千瓦，价值很高。与此同时，伊犁河流域的坝址地形地质条件也非常优越，适于灌溉、防洪、发电及水产养殖等综合开发利用。

◎人工河

在古代中国，好多河流都是人工开凿出来的。开凿人工河的主要作用就是用于沟通水系，便于交通运输。这些人工河也为中国的经济做出了巨大的贡献，在中国历史上占有非常重要的地位。

人工河也被称为是"运河"，由人力开凿并用以沟通水系，是有利于交通运输的水利工程。中国开凿运河的历史悠久，可以上溯到公元前五世纪的春秋时期。中国曾先后修筑了许多人工河，大大改善了国内水利资源调配和航路运输状况。其中，最为著名的人工河有灵渠和京杭大运河。

灵渠

灵渠，又称湘桂运河或兴安运河，是秦朝时期开凿出来的渠道。灵渠位于广西壮族自治区兴安县境内。建成于秦始皇三十三年（公元前二一四年）。灵渠与都江堰、郑国渠并称为秦代三大水利工程。灵渠不仅是中国最古老的运河，也是世界上最古老的运河之一。

※ 灵渠

灵渠的历史悠久，它是中国最古老的运河，全长 37 千米，由铧嘴、大小天平、南渠，北渠泄水天平和陡门几个部分组成。灵渠设计科学，建造精巧。铧嘴把湘江水分为三七流，其中三分向南流入漓江，七分水向北汇入湘江，并且沟通了长江、珠江两大水系。

　　灵渠自开挖成功，至今已有2100多年的历史了。在清代以前的漫长岁月中，它对中原与岭南地区的经济、文化交流起了极为重要的作用，对维护中国的统一、巩固祖国的边防也有不可磨灭的功绩。关于灵渠在古代水利史上的成就，到现在仍绽放着灿烂的光彩，为后人所钦佩和自豪。

　　在兴安县流传着一句谚语叫："兴安高万丈，水往两头流。"这句话非常形象地概括了兴安地形和水系特点。灵渠作为世界最早的人工运河，曾经导引过无数南来北往的舟船，也曾有过无限的风光。更重要的是，灵渠能够灌溉土地、济世济人，泽及天下达两千多年而不怠，在无数人的心里留下了美好的记忆。

京杭大运河

　　京杭大运河是一项特别伟大的水利工程，它始建于春秋时期，至明清时代历朝都有开凿。京杭大运河北起北京（涿郡），南到杭州（余杭），经北京、天津两市及河北、山东、江苏、浙江四省，贯通海河、黄河、淮河、长江、钱塘江五大水系，全长约1794千米。京杭大运河至开凿到现在已有2500多年的历史。所以，京杭大运河不仅是中国，也是世界上里程最长、工程最大、年代最古老的一条人工河，对人们的生活也有很大的影响。

　　京杭大运河从开运以来，对中国南北地区之间的经济、文化发展与交流，特别是对沿线地区

※ 京杭大运河

工农业经济的发展和城镇的兴起都起了巨大作用。京杭大运河历史悠久，它是中国乃至世界上最古老的运河之一，因此，京杭大运河和万里长城并称为中国古代的两项伟大工程，并且闻名于全世界。

　　京杭大运河是中国古代劳动人民创造的一项伟大的工程，也是祖先留给我们的珍贵物质和精神财富，它是活着的、流动的重要人类遗产。京杭

认识我们身边的水能

大运河的历史悠久，它肇始于春秋时期，形成于隋代，发展于唐宋，最终始用于元代，在元代时期，京杭大运河成为沟通海河、黄河、淮河、长江、钱塘江五大水系、纵贯南北的水上重要交通要道。在两千多年的历史进程中，大运河为中国经济发展、国家统一、社会进步和文化繁荣做出了重要贡献，至今仍在发挥着巨大作用。京杭大运河不仅显示了中国古代水利航运工程技术领先于世界的先进水平，同时也留下了丰富的历史文化遗产，孕育了一座座璀璨明珠般的名城古镇，也正因为这些，所以京杭大运河为中国文明积淀了深厚悠久的文化底蕴，更加凝聚了中国政治、经济、文化、社会等诸多领域的庞大信息。

京杭大运河在修建的过程中，大致可分为三期。

第一，京杭大运河的萌牙时期。春秋吴王夫差十年（公元前486年）在扬州开凿邗沟，以通江淮。到了战国时期，古代劳动人民又先后开凿了大沟（从今河南省原阳县北引黄河南下，注入今郑州市以东的圃田泽）和鸿沟，从而把江、淮、河、济四水连接起来。

第二，隋代的运河系统，京杭大运河以东都洛阳为中心，于大业元年（605年）开凿通济渠，直接沟通黄河与淮河的交通，并改造邗沟和江南运河。又用了三年开凿永济渠，北通涿郡。从第二时期开凿的运河到公元584年开凿的广通渠，形成了多枝形运河系统。

第三，元、明、清阶段开凿的运河系统，元代开凿的重点有两段：一是山东境内泗水至卫河段；二是大都至通州段。至元（元世祖忽必烈年号）十八年（公元1281年）开济州河，从任城（济宁市）至须城（东平县）安山，长75千米；至元二十六年（1289年）开会通河，从安山西南开渠，由寿张西北至临清，长125千米；至元二十九年（1292年）开通惠河，引京西昌平诸水入大都城，东出至通州入白河，长25千米。到了元三十年（1293年），元代大运河全线可以通航，漕船可由杭州直达大都，这就形成了今天京杭运河的前身。

以上就是京杭大运河的开凿过程，京杭大运河有好多条运河系统。京杭运河自北而南主要流经的地区有京、津2市和冀、鲁、苏、浙四省，从而贯通了中国五大水系——海河、黄河、淮河、长江、钱塘江和一系列湖泊。从华北平原直达长江三角洲，地形平坦，河湖交织，沃野千里，自古是中国主要粮、棉、油、蚕桑、麻产区。人口稠密，农业集约化程度高，生产潜力大。迨至近代，京津、津浦、沪宁和沪杭铁路及公路网相继修建，与运河息息相通。京杭大运河修建成功之后，在沿线的各地，其工业都有了较大的发展，因此这里的城镇也开始密集起来，并且成为了中国精华荟萃的好地方。

京杭大运河是古代中国重要的交通河道，它是中国仅次于长江的第二条"黄金水道"。京杭大运河的价值堪比长城，它是世界上开凿最早、最长的一条人工河道，其长度是苏伊士运河的 16 倍，巴拿马运河的 33 倍。可见，京杭大运河在交通运输中占有极其重要的地位。

在中国历史上，京杭运河是重要的漕运河道，曾对南北经济和文化交流起着重大的作用。特别是自十九世纪海运兴起以来，京杭大运河的作用更是广泛，但是，之后随着津浦铁路通车，京杭运河的作用也逐渐减小，后来黄河迁徙后，由于山东境内河段水源不足，河道淤浅，南北断航，淤成平地。水量较大、通航条件较好的江苏省境内一段，也只能通行小木帆船。从此以后，京杭运河便走向荒废、萧条，同时，这也体现出了当时中国半殖民地半封建制度的腐朽。

当新中国解放后，京杭运河的部分河段又进行了拓宽加深，裁弯取直，并且还新建了许多现代化码头和船闸，因此航运条件也大大得到改善。季节性的通航里程已达 1100 多千米。江苏邳县以南的 660 多千米航道，500 吨的船队可以畅通无阻。此外，古老的京杭运河还成为了南水北调输水的重要通道。

◎淡水湖

淡水湖也属外流湖，由于水源可以不断更新补充，所以淡水湖的盐分很低。在中国，主要有六大淡水湖：鄱阳湖、洞庭湖、太湖、微山湖、洪泽湖、巢湖。这些湖泊主要分布在长江中下游平原、淮河下游和山东南部。在这一带，淡水湖泊的面积约占全国湖泊总面积的 1/3。

淡水湖，顾名思义就是由淡水形式积存于地表上的湖泊，淡水湖可分为封闭式和开放式两种。封闭式的淡水湖大多位于高山或内陆区域，没有明显的河川流入和流出；开放式则完全不同，湖中有岛屿，并且有多条河川流入、流出。这样淡水湖中的盐分就会就大大降低了。

鄱阳湖

鄱阳湖是在江西省北部，位于长江中下游南岸，它是中国的第一大淡水湖。其洪水位 21.69 米，湖长 170 千米，平均宽度 17.3 千米，雨季时面积达 3914 平方千米，最大水深 29.19 米，平均水深 5.1 米，蓄水量 $149.6×108$ 立方米。鄱阳湖的湖水主要来源于地表径流和湖面降水补给，这些地表径流主要有赣江、抚河、信江、饶河、修水等。鄱阳湖古称彭泽，它上承赣、抚、信、饶、修五江之水，下通长江，它南宽北窄，像一个巨大的葫芦系在长江的腰上。鄱阳湖每年流入长江的水都超过了黄河、淮河和海河三河的总流量，因此它被称为是长江水流的调节器。

※ 鄱阳湖

鄱阳湖的湖面烟波浩渺、水草丰美，景色十分秀丽。此外，还有大量长江流域的珍贵鱼类漫游，每年都会有许多珍贵的鸟类栖息在这里，使得鄱阳湖的风景更加得宜人。鄱阳湖不仅风景优美，而且自古以来都有文人墨客聚集在此，许多诗人还在此留下不朽的诗句，如王勃的"渔舟唱晚，响彭蠡之滨"，苏东坡的"山苍苍、水茫茫、大姑小姑江中央"，这些诗句描绘的都是鄱阳湖的胜境。鄱阳湖还有石钟山、大孤山、南山、落星湖等著名的景点。

洞庭湖

洞庭湖，古称云梦泽，位于湖南省北部的长江中游以南，它被称为中国的第二大淡水湖。洞庭湖的面积在枯水期时约有 3100 平方千米，洪水期为 3900 多平方千米，湖区总面积达 18000 平方千米，容积达一二百亿立方米。洞庭湖里的水主要来源于湘江、资水、沅水、澧水等。洞庭湖跨湖南、湖北两省，北连长江，南接湘、资、沅、鄂四水，号称"八百里洞庭湖"。洞庭湖因其风景优美，所以，它还有神仙洞府的意思，它最大的特点就是湖外有湖，湖中有山。

※ 洞庭湖

洞庭湖向来以"鱼米之乡"而著称，其物产极为丰富。湖中的特产有河蚌、黄鳝、洞庭蟹等珍贵的河鲜。洞庭湖的"湖中湖"莲湖，盛产驰名中外的湘莲。洞庭湖盛产的湘莲，颗粒饱满，肉质鲜嫩，历代被视为莲中珍品。

太湖

太湖，古称震泽，又名"笠泽"，处于长江三角洲的南部，位于江苏和浙江两省交界处，是中国第三大淡水湖。太湖面积 2425 平方千米，湖岸线长达 400 千米。大约在 100 万年前，太湖原本是一个大海湾，后来逐渐与海隔绝，便进入湖水淡化的过程，最后演变成内陆湖泊。所以，太湖又是古代滨海湖的遗迹。

※ 太湖

太湖是一个大型的浅水湖泊，湖区号称有 48 岛、72 峰，湖光山色，相映生辉，其有不带雕琢的自然美，有"太湖天下秀"之称。太湖地区还有无锡山水、苏州园林、吴县洞庭东山和西山、宜兴洞天世界等一些著名的旅游胜地。由此可见，太湖是一个非常值得游览的风景区。

太湖处于江南水网的中心地带，因而其河网调蓄量大，水位比较稳定，也较有利于灌溉和航运。太湖流域总面积 36500 平方千米，人口约 3400 万，以不到全国 0.4％的国土面积创造着约占全国 1/8 的国民生产总值，城市化水平居全国之首，乡镇工业也非常发达，粮食产量占全国的 3％，淡水渔业产值也占有较高比重。由于太湖平原气候温和湿润，水网也较稠密，因此土壤肥沃，成为中国重要的商品粮基地和三大桑蚕基地之一，素以"鱼米之乡"而闻名。

此外，太湖还是中国东部近海区域最大的湖泊。太湖以优美的湖光山色和灿烂的人文景观闻名中外，是中国著名的风景名胜区。正是因为太湖秀丽的风景和灿烂的人文景观，才吸引了大量的中外游人来此观光游览。

太湖位于沪、宁、杭三角地中心，是长江和钱塘江下游泥沙淤塞古海湾而形成的湖泊。太湖周围则如群星捧月般分布着淀泖湖群、阳澄湖群、洮滆湖群等。它纵横交织的江、河、溪、渎，把太湖与周围的大小湖荡串联起来，形成了极富特色的江南水乡。因此，太湖号称"三万六千顷，周围八百里"，但它的实际面积由于受到泥沙淤积和人为围湖造田等因素的影响，在形成以后多有变化。现在的太湖分别与无锡，湖州，宜兴，苏州相临，水域面积约为2250平方千米。

太湖的流域面积比鄱阳湖和洞庭湖小，但是这里的气候温和，物产富饶，自古以来一直以"鱼米之乡"而闻名于天下。太湖水产丰富，盛产鱼虾，素有"太湖八百里，鱼虾捉不尽"的说法。可见，太湖有着非常富饶的物产，也为当地人们提供了很好的生存环境。

微山湖

微山湖，也叫南四湖，位于山东省、江苏交界处。微山湖是由微山湖、昭阳湖、南阳湖、独山湖四个彼此相连的湖泊组成，它是中国北方最大的淡水湖，也是中国的第四大淡水湖。微山湖南北全长230千米，宽6.8～27.6千米，周长451千米、总面积为2100平方千米，可控蓄水量为17.3亿立方米，最大库容量47.31亿立方米。平均水深1.7米，汛期最深为3米。流域面积31700平方千米，京杭大运河贯穿全湖南北。

1960年，微山湖的湖腰上建起了拦湖大坝的下级湖被称为狭义微山湖。此外，它与昭阳湖、独山湖和南阳湖构成广义微山湖。1953年为方便管理广大湖区，因此设立微山县，湖区内又设立了微山岛风景区和南阳古镇风景区。

※ 微山湖

洪泽湖

洪泽湖，位于江苏省淮河中游的冲积平原上，是中国第五大淡水湖。洪泽湖是一个浅水型湖泊，水深一般在 4 米以内，最大水深 5.5 米。湖区总面积为 1576.9 平方千米，湖水的来源，除大气降水外，主要靠河流来水。流入洪泽湖的河流有淮河、濉河、汴河和安河等。此外，洪泽湖是中国平原水库型湖泊中面积最大的一个淡水湖。

巢湖

巢湖是中国第六大湖，位于安徽省江淮丘陵中部，巢湖的总面积为 753 平方千米。巢湖的水来源于丰乐河、杭埠河、兆河等。巢湖因其形状似鸟巢，所以才得此名。巢湖属长江水系，其湖水在巢县出湖，经裕溪河汇入长江。此外，巢湖曾是中国古代重要的交通要道。

自秦汉三国时期以来，巢湖就是江淮北上运

※ 巢湖

输的重要通道。现在，巢湖及裕溪河入江航道仍然常年通航。汛期江水可倒灌入湖，建国之后，修筑的巢湖闸和裕溪闸构成了巢湖、裕溪河梯级水利枢纽，使巢湖流域的低圩农田能免受长江洪水的威胁。巢湖地区的农业较为发达，自古就是中国著名的稻米产区之一。

◎咸水湖

形成咸水湖的原因主要有两个，其一是古代海洋的遗迹，其二就是内陆河流的终点。由于湖泊处于内陆地区，蒸发量比较大，所以盐分较高，故称咸水湖。在中国，最著名的咸水湖有青海湖、纳木错湖，其主要分布于西部地区，咸水湖在数量上远远多于淡水湖。咸水湖约占全国湖泊总面积的 55%。

青海湖

青海湖，又称"库库淖尔"，也就是"青色的海"的意思。它位于青海省东北部的青海湖盆地内。青海湖是中国最大的内陆湖泊，也是中国最大的咸水湖。青海湖是由祁连山的大通山、日月山与青海南山之间的断层陷落形成，长105千米，宽63千米，周长360千米，面积达4583平方千米，比中国最大的淡水湖鄱阳湖，要大近459.76平方千米。据世界纪录协会调查，青海湖拥有多项世界之最和中国之最的名号。

※ 青海湖

青海湖是中国最大的咸水湖，总面积达4400多平方千米，海拔3260多米，比古城西宁还要高出1000多米。青海湖的气候凉爽，即使在烈日炎炎的盛夏，日平均温度一般都在15℃左右，是理想的避暑胜地。在很久以前，青海湖经历了青藏高原不断隆起后，才幸存下来的。

青海湖湖水主要来源于地表径流和湖面降水，汇入青海湖的河流有40余条，主要包括布哈河、巴戈乌兰河、侧淌河等，其中最大的一条就是布哈河。

青海湖的地理位置，每年都能吸引大量的鸟类集聚于此。每年12月封冻，冰期6个月，冰厚半米以上。湖中有5个小岛，以海心山最大。鸟岛位于湖的西部，面积为0.11平方千米，是斑头雁、鱼鸥、棕头鸥、鸬鹚等10多种候鸟繁殖生息的场所，数量多达10万只以上。目前，在青海湖上已建立了鸟岛自然保护区。湖中盛产青海湖裸鲤。此外，滨湖草原为牛羊提供了丰富的食物，成为良好的天然牧场。

青海湖可谓地域辽阔，草原广袤，河流众多，水草丰美，环境幽静。青海湖位于青海高原的东北部。在湖的四周有四座巍巍高山，它们分别是：北面是崇宏壮丽的大通山，东面是巍峨雄伟的日月山，南面是逶迤绵绵的青海南山，西面是峥嵘嵯峨的橡皮山。这四座大山海拔都在海拔3600～5000米之间。这四座高山犹如四幅高高的天然屏障，将青海湖紧紧环抱其中。从山下到湖畔，尽是广袤平坦、苍茫无际的草原，而烟波浩瀚、碧波连天的青海湖，就像是一盏巨大的翡翠玉盘平嵌在高山、草原之间。这样以来，青海湖就构成了一幅山湖草原相映成趣的壮美风光和绮丽的景色。

为了保护青海湖，青海省政府已经启动了青海流域生态环境保护与综合治理项目，最大限度地恢复青海湖原生态。

"圣湖"—纳木错

纳木错，又叫纳木湖、纳木错湖，位于中国的青藏高原，是世界最高的湖泊。历史文献记载，此湖像蓝天降到地面，所以又称为是"天湖"；据湖滨牧民说，因湖面海拔很高如同位于空中，故称"天湖"。在藏语中，"错"就是"湖"的意思。当地藏族人民叫它"腾格里海"，意思是"天湖"。另外，佛教信徒们尊它为四大威猛湖之一，传为密宗本尊胜乐金刚的道场，在藏传佛教中称其为圣地。

※ 纳木错

纳木错位于被称为"世界屋脊"的青藏高原上，属于中国五大湖区的"青藏高原湖区"，也是世界上最高的大湖。纳木错位于北纬 30°30′～30°35′和东经 90°16′～91°03′之间，在西藏自治区的中部，在那曲地区的东南边界和拉萨市区划的西北边界上，约有 3/5 的湖面在那曲地区的班戈县内，2/5 的湖面在拉萨市的当雄县内。纳木错向南距拉萨市区约 100 千米。在纳木错湖的南部是青唐古拉山东段的北侧山麓，而湖的西北侧及北侧为高原上的低山丘陵。

纳木错湖是世界上最高的咸水湖，纳木错湖位于拉萨以北当雄县和那曲地区班戈县之间。此外，纳木错湖还在念青唐古拉山主峰以北，距离拉萨 240 千米。纳木错不仅是西藏第一大咸水湖，也是中国第二大咸水湖，更是世界海拔最高的湖。

从纳木错湖构造上来看，纳木错湖泊形成和发育是受地质构造控制的，也是第三极喜马拉雅运动凹陷而成，是一种断陷构造湖，并有冰川作用的痕迹。纳木错的湖水在不断退缩，至今湖周围都留有数道古湖岸线，最高一道距湖约有 80 米。纳木错南面有终年积雪的念青唐古拉山，北侧和西侧有高原丘陵，广阔的湖滨，草原绕湖四周，水草丰美。湖水含盐量高，流域范围内野生动物资源丰富，有野牛、山羊等。纳木错的湖中多野禽，产细鳞鱼和无鳞鱼。湖水清澈，与四周雪山相映，风景秀丽。所以纳木错湖也是一个不错的旅游胜地！

◎高山湖泊"天池"

在中国的大陆上分布着大量的高山湖泊，其中大部分的湖泊都是由远古时期火山喷发后留下的，然后经过长时间的演变，慢慢地就形成了今天人们看到的、美丽的高山湖泊，所以，也就被人们形象地称为"天池"。其中吉林的长白山天池、新疆的天山天池、四川的华蓥天池湖和青海的孟达天池是中国最著名的天池风景区，被人们誉为"中国的四大天池"。

长白山天池也被称为白头山天池，位于吉林省东南部，是中国与朝鲜的分界湖。湖的北部坐落在中国境内。在远古时期，长白山天池只是一座火山，据史料记载，自16世纪以来长白山天池总共爆发过三次，当火山爆发喷射出大量熔岩之后，火山口处形成盆状，时间一长，积水成湖，便成了现在的天池。现在的天池气势恢弘，资源丰富，景色非常美丽。火山喷发出来的熔岩物质则堆积在火山口周围，成了屹立在四周的16座山峰，其中7座在朝鲜境内，9座在中国境内。这9座山峰各具特点，形成奇异的景观。到目前为止，长白上是中国境内最高的火山湖，其海拔2154米。

长白山天池大体上呈椭圆形，南北长4.85千米，东西宽3.35千米，面积9.82平方千米，周长13.1千米。长白山天池里的水很深，平均深度为204米，最深处373米，它也是中国最深的湖泊，总蓄水量约达20亿立方米。

长白山大瀑布形成原因就是长白山天池湖中的水从一个小缺口上溢出来，流出约1000多米，然后从悬崖上直泻而下。长白山瀑布高达60余米，很壮观，距瀑布200米远可以听到它的轰鸣声。大瀑布流下的水汇入松花江，是松花江的一个源头。长白瀑布附近有一个温泉

※ 长白山天池

群，就是长白泉，分布面积达1000平方米，共有13眼向外喷涌。

根据史书的记载，天池水"冬无冰，夏无萍"，夏无萍是真，冬无冰却不尽然，冬季冰层一般厚1.2米，且结冰期长达六七个月。不过，天池内还有多处的温泉，由这些温泉还形成几条温泉带，长150米，宽30～40米，水温常保持在42℃，隆冬时节热气腾腾，冰消雪融，因此人们又把长白天池称作"温凉泊"。

长白山天池上还有巨大的岩石，这也是它的一大亮点。天池水中原本无任何生物，但近几年，天池中出现一种冷水

※ 虹鳟鱼

鱼——虹鳟鱼，此鱼生长缓慢，肉质鲜美，来长白山旅游能品尝到这种鱼也是一大口福。据说，天池中的虹鳟鱼是北朝鲜在天池放养的。不时听到有人说看到有怪兽在池中游水。有关部门还在天池边建立了"天池怪兽观测站"，科研人员进行了长时间的观察，并拍摄到珍贵的图像资料，证实确有不明生物在水中游弋，但具体是何种生物，目前尚不明确。

有关部门人员对天池的水进行过多次化验，证明天池水中无任何生物，既然水中没有生物，假如真的有怪兽，那么它要吃什么呢？这么多悬而未决的问题，给美丽的天池蒙上了一层神秘的面纱，这每年都能吸引很多的游客前来参观游览。

长白山常年被云雾覆盖，使人难以看清其庐山真面目，要想一睹她的风采就要选择比较晴朗的天气前去观赏。此外，长白山山顶的风比较大，低温较低，游客要准备好保暖的衣物。长白山所处的海拔比较高，心脏不好或有其他严重高山反应的人在游览过程中要注意适可而止。

新疆天山天池

新疆天山天池位于新疆境内的博格达峰下的半山腰，也属于天然的高山湖泊。新疆天山池的湖面呈半月形，全长3400米，最宽处约1500米，

认识我们身边的水能

※ 新疆天山池

面积 4.9 平方千米，最深处约 105 米。东距乌鲁木齐 110 千米，海拔 1980 米。湖水清澈，晶莹如玉，被人们称为"天山明珠"。

博格达主峰就在新疆天山天池的东南面，海拔达 5445 米。主峰两边又有两座山峰与之相连。远眺这些山峰时会发现，三峰并起，突兀插云，状如笔架。峰顶的冰川积雪，闪烁着皑皑银光，与天池澄碧的湖水相映成趣，构成了高山平湖绰约多姿的自然景观。天池属冰碛湖。地学工作者认为：第四纪冰川以来全球气候有过多次剧烈的冷暖运动，20 万年前，地球第三次气候转冷，冰期来临，天池地区发育了颇为壮观的山谷冰川。冰川挟带着砾石，循山谷缓慢下移，强烈地挫磨刨蚀着冰床，对山谷进行挖掘、雕琢雕凿，形成了多种冰蚀地形，天池谷遂成为巨大的冰窖，其冰舌前端则因挤压、消融，融水下泄，所挟带的岩屑巨砾逐渐停积下来，成为横拦谷地的冰碛巨垅。其后，气候转暖，冰川消退，这里便储水成湖，即今日的天山天池。新疆解放前，由于山高路险，只有意志坚韧而又精于骑术的人才能探游天池。解放之后，当地政府还专门拨款修筑了直达天池的盘山公路，并在湖畔建起别致的亭台水榭、宾馆餐厅以及其他旅游设施，向中外游人开放了这块闻名遐迩的游览胜地。

新疆天山池是夏天中外友人最青睐的避暑胜地，等到了冬季的时候，这里又成了理想的高山天然溜冰场，每到湖水结冻时节，天山就会聚集新疆或兄弟省区的冰上体育健儿，进行滑冰训练和比赛。1979 年 3 月，中国第四届运动会速滑赛就是在天池举行的。环绕着天池的群山，雪山上生长着雪莲、雪鸡，松林里出没狗子，遍地长着蘑菇，还有党参、黄芪、贝母等药材。山壑中有珍禽异兽，湖区中有鱼群水鸟，众峰之巅有现代冰川，还有铜、铁、云母等多种矿物。1982 年新疆天山池被列为国家重点风景名胜区。2007 年 5 月 8 日，新疆天山天池风景名胜区经国家旅游局正式批准为国家 5A 级旅游景区。丰富的自然资源和奇特的自然景观，使天山池更具吸引各种学者的魅力。

郭沫若曾在这里写下：一池浓墨沉砚底，万木长豪挺笔端。

关于周穆王和王母娘娘的神话传说，李商隐曾作诗：瑶池阿木倚窗开，黄竹歌声洞地哀，八骏日行三万里，穆王何事不重来。

四川华蓥天池湖

四川华蓥天池位于海拔 640 多米华蓥山中段的群峰之间，湖形如环，平均水深 25 米，总容积 2.6 亿立方米。湖西南有一洞口，连接地下河，积水长流，终年不断。湖中有两个小岛，湖光山色、旖旎风光。

四川华蓥天池素有"小西湖"之称，美丽毓秀的华蓥山天池湖，恰似一颗璀璨的明珠，镶嵌在华蓥山东北

※ 华蓥天池

部的天池镇旁。天池湖的四周都被高山所环绕，湖映蓝天，影倒山岚，水天一色；湖中百鸟翔集，锦鳞游弋，帆影点点，渔姑翩翩，秀色可餐。每当人们来到天池湖，都会被这里的美景神韵所折服。据这里的老县志记载，曾经在宋代的时候，华蓥山下暴雨，冲下山上的树木，木塞于洞，遂成天池。但是，根据地质学家的堪测，这个记录并不科学。华蓥山是在侏罗系后期，即大约 1.41 亿年前，从四川盆地中隆起，后又因白垩晚期，即大约 2500 万年前的喜马拉雅运动，然后对华蓥山产生了强烈的影响，从而使其变得雄伟壮丽，天池湖也就是在这个时候诞生的。天池是自然形成的高山湖泊，湖面达 3000 多亩，绕湖一周约有 27 千米湖的中心有一个行似弯月的岛屿，也被称为"月亮岛"，面积 300 余亩。1930 年四川保路

同志会会长蒲殿俊撰写《辟治广安天池议》，在描绘天池自然美景的同时，呼吁各界人士捐款建公园。他带头捐款近一万元。在他的带动下，筹措银币一万余元，经过两年的艰苦努力，建成了"天池公园"，园中建有柳堤、梅岭、桂圆、松岗等景点，种上了上百种珍贵花木，匠心独具，蔚为壮观。公园建成以后，著名诗人、书法家赵熙来到天池，饱览胜景，并且还亲笔书写了"天池公园"园名，挥笔题写了"天池传侠笔、文苑鲁诸生"的千古楹联。从此，各地游客纷至沓来，络绎不绝。当时，上海《良友》画报辟专版刊载天池的胜景美画，并且配诗宣赞："痴生慕名天池游，旖旎风光醉心头；粼粼波光映蓝天，曲曲堤岸托杨柳；莲姑鱼翁乘风归，扁舟小岛聚波头；夕阳染红瑶池水，众山人怀化吴钩"。从而，为这个幽雅温馨的月亮岛留下了"宾杠作画醉天池"的美丽记载。

青海孟达天池

　　孟达天池是青海省循化撒拉族自治县东部的孟达森林植物自然保护区，天池四周群山环抱，峰谷连绵，森林茂密。天池海拔 2504 米，东西长 700 米，南北宽 250 米，平均水深 15 米，蓄水量 200 万立方米，水体清澈，水质良好。孟达天池周围还有飞来峰、卧虎峰、回音崖、一线天、五子拜佛石、蛤蟆石、天然大坝以及奇松、山泉、飞瀑等好多的景点，这些景观与天池共同构成了一幅优美的画卷。

※ 孟达天池

　　孟达山被称为青海高原的"西双版纳"，它是一个植物王国，区内森林覆盖面积 14 万余亩，有亚热带和暖温带的植物，还有近百种野生观赏珍奇植物遍布池畔、山坳，把孟达天池和整个保护区点缀得花团锦簇。森林中栖息着麝、石羊、黄羊、狐狸、雪鸡、马鸡等奇禽异兽，生长着大黄、黄芪、党参、羌活、秦艽等一百多种药用植物。

▶小链接

·中国河流的现状·

①中国河流众多，但地区分布不均衡。中国流域面积超过100平方千米的河流有5万条，超过1000平方千米的河流有1500余条，超过1万平方千米的有79条。天然河道总长约43万千米，但地区分布不均衡，其中以太平洋水系的河流流域面积最大，约占全国总面积的56.71%；其次为印度洋水系的河流，占6.52%；北冰洋水系仅占0.53%，另外有36.24%的内流区域。河网密度自东南向西北递减。

②中国河流的径流量，年内及年际变化均大，有夏季丰水，冬季枯水，春秋过渡的规律。如长江，夏秋水量占年径流量的70%~80%，冬春较少。再以黄河陕县测定的流量为例，最大流量为22000秒公方，最小为200秒公方，相差100倍。

③中国许多河流的含沙量、输沙量较大。全国每年的输沙量超过1000万吨的河流有42条，黄河陕县站多年平均输沙量为16亿吨，与世界其他大河相比，是密西西比河的5.2倍，亚马孙河的4.4倍，刚果河的24.6倍。长江的多年平均输沙量为5亿吨。因此，在黄河下游及长江的荆江河段，由于泥沙沉积而成为"地上河"。

④中国水力资源丰富，水力蕴藏量为6.8亿千瓦，居世界首位。但分布不均衡，长江的水力资源占全国水力资源蕴藏量的40%。

⑤中国河流的水文特征，地区差异大。根据流量、水位变化及汛期长短、含沙量、结冰期等特征，我国的外流河可分为四个类型：以黑龙江及其支流为代表的东北山区河流，以黄河、海河为代表的秦岭—淮河以北地区的河流，以长江为代表的秦岭—淮河以南地区的河流，以及横断山区的河流。另外，还有以塔里木河为代表的内流河，又有其独特的水文特征。

│拓展思考│

1. 中国的河流分布状况是怎样的？
2. 中国的河流能够利用起来吗？
3. 河流将为我们带来怎样的有利条件？

认识我们身边的水能

保护河流，珍惜我们的水资源

Bao Hu He Liu , Zhen Xi Wo Men De Shui Zi Yuan

水是我们每个人生存的必要条件，如果没有了水，人们将无法生存下去。在现代社会中，随着人类逐渐增多，地球的水也随之越来越少，所以，节约用水就成为了我们必须重视的问题。人们要提高节约用水意识，珍惜我们的水资源，那么千万不要等到真的没有水的时候才后悔我们曾经是多么地浪费水资源。

很多人都知道地球上的大部分都是由海洋组成的，因此认为水是"取之不尽，用之不竭"的，但是，事实并不这样的。地球上所有的资源都会耗尽，水资源亦是如此。地球上大部分是由海洋组成的，但并不是所有的水

※ 河流

都能饮用，只有淡水才能被人类饮用。在中国，只有 3/10 是淡水，可以饮用，占有量并不如想象中那么丰富，并且现在在社会中水的污染程度很严重，因此水资源紧缺的危机是不容小觑的。目前，国家淡水资源已经出现缺乏危机，因此，节约和珍惜每一滴水是我们每个人都应该有的意识。

现代社会中，人们不懂得保护环境，水污染越来越严重。由于人们经常破坏河流，经常直接或是间接地把污染物排入河流，因而，造成河水水质严重恶化。破坏河流的主要特点：

1. 污染程度随径流量而变化。在排污量相同的情况下，河流径流量愈大，污染程度愈低；径流量的季节性变化，带来污染程度时间上的差异。

2. 污染物扩散快。河流的流动性，使污染的影响范围不限于污染发

生区，上游遭受污染会很快影响到下游，甚至一段河流的污染，可以波及整个河道的生态环境（考虑到鱼的洄游等）。

3. 污染危害大。河水是主要的饮用水源，污染物通过饮水可直接毒害人体，也可通过食物链和灌溉农田间接危及人身健康。

※ 河流污染

进入"九五"之后，中国大规模水污染防治在"三河三湖"等重点流域全面展开，即：淮河、太湖、巢湖、滇池、海河、辽河等流域。经过几年的努力，水污染处理已经取得了阶段性成果，部分河段的水质都有所改善。但是，由于历史的原因，中国水环境问题比较复杂，在现有经济技术条件下，解决水环境问题需要经过一个漫长的过程。因此，在今后相当长的时期内，重点流域的水污染问题仍十分严重。

◎河流污染现状及因素

随着我国人口的不断增加，水资源越来越少了，中国的水资源面临着水体污染、水资源短缺和洪涝灾害等多方面压力。水体的污染加剧了水资源短缺，水生态环境破坏促使洪涝灾害频发。据1999年《中国环境状况公报》显示，目前中国七大水系、主要湖泊、近岸海域及部分地区的地下水都受到不同程度的污染。河流以有机污染为主，主要污染物

※ 河流污染

是氨氮、生化需氧量、高锰酸盐指数和挥发酚等；湖泊以富营养化为特征，主要污染指标为总磷、总氮、化学需氧量和高猛酸盐指数等；近岸海域主要污染指标为无机氮、活性磷酸盐和重金属。这些因素构成了水环境问题影响范围广，危害严重，治理难度大等特征。导致中国水环境恶劣的原因是多方面的，但主要是人类主观因素。

长期以来中国经济增长方式粗放，企业单纯追求经济效益，忽视环境效益和生态效益。在工业发展中，水消耗量大、利用率低，不仅单位产值污水排放量大，而且万元产值用水量各省区间差距悬殊。1998年，全国平均万元GDP用水683立方米以上。其中，北京161立方米，天津201立方米，上海300立方米。但是，黑龙江、内蒙古、江西、广西、贵州、青海、甘肃等省区大多在1000立方米以上。宁夏、新疆为4000立方米左右。北京1立方米灌溉用水可以生产2千克粮食，而宁夏才生产不到1千克粮食。同时，在传统的计划经济体制下，粗放型的经济增长方式使企业生产经营缺乏节能降耗的动力。企业技术改造往往以扩大再生产为目的，生产工艺落后，更新换代速度慢。

在现代社会中，随着经济体制改革的不断深入、经济增长方式的日趋转变以及科技水平的快速提高，水资源的合理开发和利用将逐步走上科学化管理轨道，但是，这种转变是一个较长的历史过程。水环境问题严重的另一个重要原因就是国家政策导向的偏差。长期以来，国民经济和社会发展注重经济增长速度、主要产品产量、城镇居民收入增长等指标，没有把资源消耗和环境代价纳入经济核算体系。迄今为止，城市环境基础设施建设仍被作为"非生产性福利事业"。城市污水处理、垃圾处理由政府包揽，使政府不堪重负，以致于拿不出钱搞环境基础设施建设，甚至建成污染处理设施也因经费来源问题没解决而难以正常运转。在计划经济体制下，一些经济发展政策有悖于环境保护。中国一度"遍地开花"的"十五"小企业布局分散，规模不经济，生产工艺落后，这些都造成了严重的环境污染和生态破坏。

造成水环境污染的还有一个原因就是区域经济发展和区域环境容量不相适应，以往在确定地区产业发展方向、地区生产力布局时，往往都忽视区域环境容量。中国主要江河出现的严重流域性水污染，在很大程度上与流域产业结构和布局不合理有直接关系。淮河流域周边的四省自20世纪80年代初，利用当地资源，大力发展高耗水的化工、造纸、制革、火电、食品等小型工业，所排出的污染物都超过了淮河的承载能力，使淮河流域水质急剧恶化；由于缺乏科学认证和科学管理，一些缺水地区盲目发展高耗水型工业，造成地下水位下降；一些资源丰富的地区发展单一的资源型产业，不发展与之相配套的加工业，产业结构雷同，所以就形成严重的结构型污染。

自然因素在一定程度上也影响了水环境问题的恶化，增加了水污染防治的难度。近年来由于人类没有好好保护环境，所以引起了气候变化，引起全球温度、湿度、降水量的分布变化，使一些国家和地区的灾害频发。

中国北方地区气候也明显变暖，华北地区冬季平均气温在 20 世纪 90 年代比 50 年代上升 2.1℃。随着气温的上升，地表径流就会减少，蒸发量增大，发生旱灾的机会也就增多了。1997 年，中国北方地区受厄尔尼诺现象的影响，降水量异常偏少，温度偏高，海河水资源量只有多年平均量的 40％；黄河水资源量为多年平均量的 61％。由于河道径流减少，水体自净能力下降，这加剧了水环境恶化。1998 年，受厄尔尼诺现象影响，长江中下游、嫩江、松花江流域降水量偏多，这导致特大洪水灾害的发生。

※ 水污染

中国水资源分布非常地不均匀，南多北少，相差悬殊，水资源分布与人口、经济和社会发展布局也极不协调。北方黄河、淮河、海河、松辽河，以及内陆河五个流域，总人口占全国的 47％左右，耕地面积占 65％以上，GDP 占全国的 45％以上，而水资源却只占全国水资源总量的 19％，人均占有量仅为南方地区的 1/3。这些因素也是导致水环境问题突出的重要方面。

◎重点流域防治问题

"九五"以来，中国重点流域水污染防治以淮河治理为先导，太湖、巢湖、滇池，以及海河、辽河相继开始。通过采取工业污染源的末端治理，以及在产业结构调整和压缩过剩生产力中，取缔、关闭和淘汰生产工艺落后、设备陈旧、污染严重的企业等一系列措施，治理工作取得一定成效。部分水域已经接近实现第一阶段的污染防治目标。"九五"水污染防治作为中国历史上第一次大规模的流域水污染防治，积累了大量宝贵经验，对于开拓中国的环境与发展道路具有长远的战略意义。但是，从总体上看，重点流域的水污染防治工作进展还比较缓慢，取得的成果也不明显。在实践中暴露出来的一些问题也充分说明了中国在当前和今后一个时期内，流域水污染防治仍面临严重挑战。

认识我们身边的水能

1. 黄河水污染现状

"九五"期间的"三河三湖"的治理仅仅是拉开了中国水污染防治的序幕，并不代表就解决了中国水资源被污染的问题。在大规模治理"三河三湖"的同时，我们看到了，黄河、长江的污染问题已经到了非治理不可的程度。黄河是中华民族的摇篮，他养育了人类，也给人类带来了无数次的灾难。如今，由于人类活动的作用力，使得黄河的环境问题日

※ 黄河水污染现状

趋严重。1999 年，在黄河流域的 114 个重点监测断面上，Ⅴ类和劣Ⅴ类水体分别为 70％和 56.2％，黄河主要支流的污染更为严重，而且黄河的污染主要来自支流。目前，黄河水量少，自净能力弱，水环境处于危机之中。在西部大开发中，黄河流域的经济发展将进入较快增长时期。黄河的水污染必然使沿岸的水资源短缺"雪上加霜"。

2. 长江水污染现状

长江和黄河养育了中华儿女，但是长江和黄河污染越来越严重。长江上游沿岸地区经济社会的快速发展和城市化进程的加快，使这一地区的污染物排放量迅速增加，污染问题随之加重，特别是三峡库区及其上游的水质不断恶化。如果不采取有效措施，长江上游重点地区废水排放量将以年均 4.1％的速度增长；沿江城镇生活垃圾入江量，将由约 200 万吨增加到 467 万吨；三峡库区的水体自净能力将大幅度下降。2009 年三峡库区建成蓄水后，库区将由一个流速快、流量大的河流变成一个流速缓、滞留时间长、回水面积大的人工湖。水体稀释自净能力下降，水污染必然加重。三峡工程建成后，湖区上游岸边污染带主要污染物浓度比

※ 长江

建坝前增加 2～10 倍，已成为重污染区。

3. 城市生活污水严重，污水处理严重滞后

城市基础设施是工业建设的载体，它制约着工业建设规模和发展速度。长期以来，中国城市建设不恰当地把基础设施建设的载体地位降低为工业的一般附属物地位，基础设施的发展与人口、资源、环境和工业建设不协调，严重导致了基础设施长期超负荷承载，特别是城市环境保护基础设施，仅仅在近几年才开始兴建。全国绝大多数城市的污水处理能力远远满足不了实际需要。

※ 生活污水

随着人口迅速增加和人民生活水平的日益提高，生活污水产生量大幅度增长。近年来，城市生活污水和工业废水排放量的比例已接近持平。但是，城市污水处理厂的建设远远不能适应经济社会发展的需要。一般情况下，城市污水处理厂的建设周期为 3 年。从目前的建设进度看，实现"九五"期间国家提出的全国 50 万人口的城市都要建设集中式污水处理装置的要求，还需要相当长的时间。以淮河为例，按规划到 2000 年淮河流域四省需要建设城市污水处理厂 52 座，总投资 60.8 亿元，形成污水处理能力 352 万升/天。到 1999 年 6 月建成的污水处理厂只有 3 座，污水处理能力仅为 44 万升/天。集中式污水处理设施建设缓慢的原因，除了资金短缺外，现行管理和运行机制的掣肘也使城市污水处理厂的建设和运营陷于困境。由于没有真正落实"污染者负担"的政策，地方财政因无力支付污水处理费用，常常使建成后的污水处理厂不能正常运行，环境保护投资不能有效发挥环境效益。

4. 经济政策不配套，污染治理资金严重短缺

在计划经济体制下，中国污染防治资金以国家预算内资金为主。随着市场经济体制的建立，完全依靠行政手段管理环境已经不能奏效。但是，由于市场经济条件下的环境经济政策体系尚未建立，多元化的环境保护投资体制难以形成。作为促进污染防治的重要经济手段，排污收费

制度目前还很不完善。主要问题是，排污收费标准过低，不能发挥刺激污染防治的作用。超标排放污水收费作为排污收费的主体，其收费额不足污染处理设施运行成本的一半；污水排放收费最高不超过 0.5 元/升；排污收费项目不全，主要对象是大中型企业和部分事业单位，城市污水处理费仅在少数城市开展，而且收费标准较低，"污染者付费"的原则没有充分体现；排污费的转移支付机制尚未建立，流域内上下游之间缺乏利益补偿政策，水资源的开发利用与保护不协调，造成水资源的浪费。

"九五"期间，中国环境保护投资有了大幅度提高，特别是国家采取积极的财政政策，在扩大内需中把环境保护作为重点投资领域，一些水污染防治重点项目得到国债资金的支持。但是，由于环境保护资金渠道狭窄、投资量小、污染治理资金短缺的问题仍然非常突出，按计划，"三河三湖"水污染防治约需资金 1260 亿元，但是目前已经落实的资金与需求相差甚远。1998 年国家增发财政债券和银行贷款资金用于基础设施建设，分配给淮河流域 10 亿元财政债券资金用于城市污水处理厂建设。但是，这些资金仅为淮河城市污水处理厂总投资的 16.5%，而且投资项目达 34 个之多。由于地方配套资金不足，开工的项目不少，所以因缺乏资金施工建设进度缓慢，很多工程至今投资尚无着落。

水是人类不可缺少的资源，它可以养育我们千千万万个人，使我们快乐地成长，也可以让树木变得碧绿粗大，让花儿竞相开放，让庄稼有更好的收入。可是，在现在社会中，水污染相当地严重，很多人不但不节约用水，还无节制地去浪费水资源。照这样浪费下去，估计几十年后的今天，我们的儿女子孙将会活活地渴死。当你见到这样的情景时心里一定很羞愧。这时，你就会想：当初要不是自己用水太浪费，也不会导致后代为了一滴水变的如此痛苦，想想真是感到心酸。让我们从现在开始，从身边的一点一滴做起，现在节约用水还来得急。

根据调查，如果每一个家庭能够改掉在生活中浪费水源的坏毛病，就能够节约 60% 以上的水源。我们在平常生活当中，如果淘米、洗菜、洗手、洗脸、洗脚等一些日常用水中能够注意节约，不要让水源平白无故地浪费掉；记得随时都要把水龙头关紧，避免不必要的浪费，缺水的现象就会出现缓解，那么没有水源的世界将逐渐地远离我们。

5. 大量的面源污染问题尚未找到解决途径

目前，全国的工业污染已经开始得到有效控制。到 2000 年底全国所有工业污染源都已实现达标排放。城市污水处理正在逐步加快步伐。但

※ 水

是，农村经济发展带来的农药、化肥、畜禽养殖污染量大面广，因此有一定治理难度。从 20 世纪 50 年代到 90 年代，中国农药施用量增加近 100 倍，成为世界上农药用量最大的国家。中国每年因农药中毒的人数占世界同类事故中毒人数的 50%。而且由于农药的大量流失，造成严重的水体污染。全国化肥使用量也在成倍增加，1995 年是 1978 年的 4 倍。目前，偏施化学氮肥，使氮、磷、钾比例失调现象比较严重。而且化肥的利用率只有 30% 左右，大量化肥流失，进入河流、海洋、湖泊，成为水体面源污染的主要来源。同时，由于大量化肥的使用，农村畜禽粪便的农业利用减少，畜禽业的集约化程度提高，加重了养殖业与种植业的脱节。畜禽粪便的还田率只有 30% 多，大部分未被利用。1998 年，全国畜禽粪便产生量是当年全国工业固体废物产生量的 3.4 倍。这些畜禽粪便大部分未经处理直接排入江河湖海。同时，作为农村经济的重要组成部分，乡镇企业的发展也一直是困扰农村环境的一大难题。据 1991 年和 1997 年两次全国乡镇工业污染源调查，乡镇工业二氧化硫、烟尘、化学耗氧量和固体废物排放量分别增长了 22.6%、56.5%、246.6% 和 552%；在全国主要工业污染物排放总量有所控制的情况下，乡镇企业排污量却在增长，这将对水环境构成严重威胁。

▶ **小链接**

　　水是我们生命的泉源，是每个人的命脉。失去了水源，我们就失去了生存的资本。如果没有了水，花草树木就会枯萎；如果没有了水，地球就变的干涸；如果没有了水，世界就不会像现在我们看到的这样充满生气。水是不可缺少的珍贵资源，是没有什么可以替代的。我们要节约生活中的每一滴水，避免以后水资源大量被浪费而造成危害。"节约用水，人人有责。"让我们大家一起努力，来节约每一滴能让我们茁壮成长的水吧！

| 拓展思考 |

1. 我们的河流受到了哪些威胁？
2. 为什么水污染越来越严重？
3. 我们应该怎样保护我们的水资源？

认识我们身边的水能

认识世界上著名的河流

Ren Shi Shi Jie Shang Zhu Ming De He Liu

河流是地球生命的重要组成部分，是人类生存和发展的基础。河流就是地球上交织的丝带，它养育着世界万物，也装饰着地球。河流是地球上多样生态系统的最基本存在形式之一。河流不仅产生生命，也孕育和产生人类文化。河流的生命问题，不仅关系到陆地水生生物的繁衍、生息和生态稳态，也直接影响人类在长期历史传统中形成的对河流与人及其社会休戚相关的精神信仰、心灵形象和品味象征意义。下面让我们一起认识几条世界上著名的河流吧！

◎尼罗河

尼罗河是一条流经非洲东部与北部的河流，与中非地区的刚果河以及西非地区的尼日尔河并列为非洲最大的三个河流系统。尼罗河长 6670 千米，是世界上最长的河流。2007 年，虽有来自巴西的学者宣称亚马逊河长度更胜一筹，但尚未获得全

※ 尼罗河

球地理学界的普遍认同。尼罗河主要有两条支流，白尼罗河和青尼罗河。尼罗河的发源地是埃塞俄比亚高原的青尼罗河，它也是尼罗河下游大多数水和营养的来源，不过白尼罗河比青尼罗河更长点。

尼罗河是世界第一长河、非洲主河流之父，位于非洲东北部，是一条国际性的河流。尼罗河发源于非洲东北部布隆迪高原。有关尼罗河发源地的争论自 19 世纪 50 年代以来就一直存在。探险者们相信尼罗河的发源地应该是位于卢旺达境内的纽恩威热带雨林，流经布隆迪、卢旺达、坦桑尼亚、乌干达、南苏丹、苏丹和埃及等国，最后注入地中海。干流自卡盖拉河源头至入海口，全长 6671 千米，是世界流程最长的河流。支流还流经

肯尼亚、埃塞俄比亚、刚果（金）和厄立特里亚等国的部分地区。流域面积约 335 万平方千米，占非洲大陆面积的 1/9，入海口处年平均径流量 810 亿立方米。所跨纬度从南纬 4°至北纬 31°。

尼罗河由卡盖拉河、白尼罗河、青尼罗河三条河流汇集而成（青尼罗河发源于埃塞俄比亚高原，白尼罗河发源于布隆迪高地，是尼罗河的主要补给，二者在喀土穆汇合）。尼罗河最下游分成许多汉河流注入地中海，这些汉河流都流在三角洲平原上。三角洲面积约 24000 平方千米，地势平坦，河渠交织，是古埃及文化的摇篮，也是现代埃及政治、经济和文化中心。尼罗河下游谷地河三角洲是人类文明的最早发源地之一，古埃及诞生在此。至今，埃及仍有 96％的人口和绝大部分工农业生产集中在这里。因此，尼罗河被视为埃及的生命线。几千年来，每年 6～10 月是尼罗河的泛滥时期，到 8 月份时，河水上涨最高，淹没了河岸两旁的大片田野，之后人们纷纷迁往高处暂住；10 月以后，洪水消退，带来了尼罗河丰沛的土壤。人们在这些肥沃的土壤上栽培了棉花、小麦、水稻、椰枣等农作物，在干旱的沙漠地区上形成了一条"绿色走廊"。埃及流传着"埃及就是尼罗河的孩子，尼罗河就是埃及的母亲"等谚语。尼罗河确实是埃及人民的生命源泉，她为沿岸人民积聚了大量的财富、缔造了古埃及文明。6700 多千米尼罗河创造了金字塔，创造了古埃及，创造了人类的奇迹。

现今，埃及 90％以上的人口均分布在尼罗河沿岸平原和三角洲地区。埃及人称尼罗河是他们的生命之母。

◎亚马孙河

亚马孙河全长 6440 千米，域面积 705 万平方千米，约占南美大陆总面积的 40％；亚马孙河若以马拉尼翁河为源，全长 6299 千米，若以乌卡亚利河为源，全长 6436 千米，仅次于尼罗河，居世界第二，但是它是世界上流量最大、流域面积最广的河。亚马孙河的发源地是秘鲁的乌卡亚利——阿普里马克水系，全长约 6,751 千米，亚马孙河干支流蜿蜒流经南美洲 7 个国家。亚马孙河从秘鲁的伊基托斯至巴西的马瑙斯叫索利默伊斯河，内格罗河河口至大西洋段才称亚马孙河。它最西端的发源地是距太平洋不到 160 千米高耸的安第斯山，入处在大西洋，每年注入大西洋的水量约 6600 立方千米，相当于世界河流注入大洋总水量的 1/6。亚马孙河的河口宽达 240 千米，泛滥期流量达每秒 28 万立方米，泻水量如此之大，使距岸边 160 千米内的海水变淡。

亚马孙河的河口多年平均流量为 17.5 万立方米/秒，年均径流量

69300 亿立方米，年平均径流深度 1200 毫米，悬移质含沙量为 0.22 千克/立方米/秒，输沙量为 9 亿吨。丰水年时，中游马瑙斯附近河宽 5 千米，下游宽 20 千米，河口段宽 80 千米，河口呈喇叭形海湾，宽 240 千米。下游河槽平均深为 20～50 米，最大水深 100 米，水位年变幅为 9 米。

※ 亚马孙河

上游伊基托斯年均流量 20420～28200 立方米/秒。从伊基托斯至入海口，亚马孙河的平均坡度为 0.035 米/千米。

亚马孙河的水量终年充沛，河口年平均流量为 22 万立方米/秒，洪水期流量可达 28 万立方米/秒以上，为世界流域面积最广、水量最大的河流。上源地区山高谷深，坡陡流急，平均比降约 5.2‰。进入平原后比降微小。中下游平均流速为 0.7～1.7 米/秒。水深河宽，巴西境内河深大部分在 45 米以上，马瑙斯附近深达 99 米。下游河宽达 20～80 千米，河口呈喇叭状，宽 240 千米，浅滩沙洲罗列。海潮可涌至河口以上 960 千米的奥比多斯。干流有 5,000 多千米可全年通航，吃水 5～6 米的海轮可自河口上溯 3,700 千米至秘鲁的伊基托斯；全水系内可供通航的河道长度达 3 万千米（正常水位）。亚马孙河的水力资源虽然相当丰富，但是尚未被充分开发。

流域内大部分地区为热带雨林气候，年雨量 2000 毫米以上。亚马逊河沉积下的肥沃淤泥滋养了 65000 平方千米的地区，著名的亚马逊热带雨林就生长在亚马孙河流域。这里同时还是世界上面积最大的平原（面积达 560 万平方千米）。平原地势低平坦荡，大部分在海拔 150 米以下，因而，这里河流蜿蜒曲流，湖沼众多。多雨、潮湿及持续高温是其显著的气候特点。

亚马孙河还蕴藏着世界最丰富的多样的生物资源，各种生物多达数百万种。亚马逊河最以其为世界淡水观赏鱼主要产地而闻名。其丰富绮丽的淡水热带观赏鱼一直牵动全世界观赏鱼爱好者和生物学家的心。

◎密西西比河

※ 密西西比河

密西西比河被列为是世界第四长河，它是北美洲流程最长、流域面积最广、水量最大的河流。密西西比河位于北美洲中南部，注入墨西哥湾。"密西西比"是英文"mississippi"的音译，来源于印第安人阿耳冈昆族语言，"密西西比"即"大河"或"老人河"。其干流发源于苏必利尔湖以西，美国明尼苏达州西北部海拔501米的、小小的艾塔斯卡湖，向南流经中部平原，注入墨西哥湾。

密西西比河全长6020千米，其长度仅次于非洲的尼罗河、南美洲的亚马逊河和中国的长江，是整个北美大陆的第一长河。

如果密西西比河从落基山脉东坡的最大支流密苏里河作为源头算起，长6262千米，名列世界第四。流域北起五大湖附近，南达墨西哥湾，东接阿巴拉契亚山脉，西至落基山脉，面积322万平方千米，约占北美洲面积的1/8。汇集了共约250多条支流。西岸支流比东岸多而长，形成巨大的不对称树枝状水系。其水量丰富，近河口处年平均流量达1.88万立方米/秒。

密西西比河为北美洲河流之冠，与其主要支流加在一起按流域面积计为世界第三大水系（约310万平方千米）。作为高度工业化国家的中央河流大动脉，密西西比河已成为世界上最繁忙的商业水道之一。这条难以驾驭的河流流经北美大陆一些最肥沃的农田，现已完全由人类控制得当。密西西比河有两个旁支——东面的俄亥俄河和西面的密苏里河。密西西比河的源头在明尼苏达州的艾塔斯卡湖，最初只是一条细流蜿蜒向南。

◎多瑙河

多瑙河位于欧洲，仅次于伏尔加河，是欧洲第二长河。多瑙河发源于德国西南部的黑林山的东坡，自西向东流经奥地利、斯洛伐克、匈牙利、克罗地亚、塞尔维亚、保加利亚、罗马尼亚、乌克兰，在乌克兰中南部注入黑海。多瑙河流经 9 个国家，是世界上干流流经国家最多的河流。多瑙河的支流一直延伸到瑞士、波兰、意大利、波斯尼亚——黑

※ 多瑙河

塞哥维那、捷克以及斯洛文尼亚、摩尔多瓦 7 个国，最后在罗马尼亚东部的苏利纳注入黑海，全长 2850 千米，流域面积 81.7 万平方千米，河口年平均流量 6430 立方米/秒，多年平均径流量 2030 亿立方米。

多瑙河干流从河源至布拉迪斯拉发附近的匈牙利门为上游，长约 965.6 千米（从乌尔姆至匈牙利门，长度为 708 千米，落差 334 米）；从匈牙利门至铁门峡为中游，长约 954 千米，落差 94 米；铁门峡以下为下游，长约 930 千米，落差 38 米。多瑙河在中欧和东南欧的拓居移民和政治变革方面都发挥过极其重要的作用。它两岸排列的城堡和要塞形成了伟大帝国之间的疆界；而其水道却充当了各国间的商业通衢。在 20 世纪，多瑙河仍继续发挥作为贸易大动脉的作用。多瑙河（特别是上游沿岸）已被利用生产水电，沿岸城市（包括一些国家首都，如奥地利的维也纳、斯洛伐克的布拉迪斯拉发、匈牙利的布达佩斯和塞尔维亚的贝尔格勒）都靠它发展经济。

多瑙河的颜色会变，有人做过统计，它的河水在一年中会变换 8 种颜色；其中 6 天是棕色的，55 天是浊黄色的，38 天是浊绿色的，49 天是鲜绿色的，47 天是草绿色的，24 天是铁青色的，109 天是宝石绿色的，37 天是深绿色的，它的河水很神奇。

◎幼发拉底河

幼发拉底河是中东名河，与位于其东面的底格里斯河共同界定美索不

达米亚，源自安纳托利亚的山区，流经叙利亚和伊拉克，最后与底格里斯河合流为阿拉伯河，然后注入波斯湾。幼发拉底河是西南亚最大河流。幼发拉底河全长约 2800 千米。

幼发拉底河的源头称卡拉苏河，西流至班克以北汇合木拉特河后，始称幼发拉底河。此后曲折南流，在比雷吉克以南入叙利亚境内，至梅斯克内附近转向东南流，沿途接纳拜利赫河、哈布尔河等支流后，入伊拉克境内，在希特附近入平原，此后再无常流河支流。流至欣迪耶附近分为两支，东支被称为希拉河，西支被称为欣迪耶。在两河分流处筑有欣迪耶大坝，控制两河水量，形成伊拉克重要灌溉农业区。两河在塞马沃附近汇合，继续东南流，于古尔奈附近与底格里斯河汇合，改称阿拉伯河，于法奥附近入波斯湾。从河源到塞马沃，河长 2750 千米，流域面积 67.3 平方千米。幼发拉底河主要靠高山融雪和山区降雨补给，水量较为丰富，但因沿途蒸发、渗漏及大量灌溉，至中下游流量骤减。幼发拉底河在伊拉克的希特附近进入平原地带后，河流沿岸形成伊拉克重要灌溉农业区，并从穆赛伊布到萨马瓦之间分为两支。北支另名希拉河，长约 190 千米，流经希拉城；南支另名欣迪耶河，长约 210 千米，流经欣迪耶城。从希特到库尔纳，在平原上流程约为 700 余千米。自希特以下可通汽船，航程近 900 千米。

◎拉普拉塔河——巴拉那河

拉普拉塔河——巴拉那河：拉普拉塔河——巴拉那河位于南美洲，是仅次于亚马孙河的第二大河，风景宜人，始于源流——格兰德河和巴拉那伊巴交汇处，向西南流，经巴西中南部至瓜伊拉，而后穿行于巴西与巴拉圭之间，过科连特斯进入阿根廷，先往西南再往东南流与乌拉圭河汇合后称拉普拉塔河，最后注入大西洋。

※ 拉普拉塔河－巴拉那河

拉普拉塔河——巴拉那河从源流巴拉那伊巴河算起，拉普拉塔河——巴拉那河全长 4100 千米，其中巴拉那河干流（从格兰德河与巴拉那伊巴河交汇处算起）全长 2580 千米，拉普拉塔河入海口段长 320 千米。拉普拉塔河——巴拉那河总流域面积 310.3 万千米，其中巴拉那河占 260.5 万千米，乌拉圭河占 36.5 万千米，拉普拉塔河口段占 13 万千米。拉普拉塔河入海口多年平均流量 25370 米/秒，年径流量 8000 亿立方米。

直至 20 世纪 60 年代初期，巴拉那河流域的水能资源还未得到有效的开发和利用。随着巴西圣保罗州和米纳斯吉拉斯州工业的迅速发展，每年需新增装机 40 万千瓦，而其生产生活用电所依赖的沿海水电资源已开发殆尽。在这种情况之下，只有兴建距负荷中心相对较远的大型水电工程才能满足用电增长的需求。巴西于 50 年代中期在格兰德河上兴建了装机 124 万千瓦的富尔纳斯水电站，并通过 345 千伏输电线路系统，向圣保罗、里约热内卢和贝洛奥里藏特 3 个工业城市输电。

为了有计划地开发巴拉那河流域的水力资源，巴西在 1952～1953 年首次对格兰德河的一个河段进行了水资源调查并制定了详细的开发计划，并于 60 年代在联合国的帮助下，对巴拉那河上游地区进行了全面普查。在普查的基础上，结合发电、灌溉、通航、供水和防洪等综合效益，按照坝址可能利用水头，从采用枯水期流量经水库调节粗略计算保证出发，按负荷率 55% 初拟装机容量，并根据各坝址的地形、地质、洪水和装机进行了常规的工程布置，对所有工程建筑物均采用保守的标准断面，采用指数投资法推算出各坝址的工程费用。最后，还提出了马里姆邦多等 101 个坝址，共计可开发蓄水库容经过比较筛选，对其中 19 座开发条件较为有利、距负荷中心较近和单位千瓦造价较低的工程进行了可行性研究，将其作为当时开发的对象，并对 70 年代和 80 年代以前的开发目标作了规划。

◎鄂毕河

鄂毕河位于西伯利亚西部，是俄罗斯也是世界著名长河。鄂毕河长度为 3700 千米，流域面积达到了 2,600,000 平方千米。鄂毕河在新疆维吾尔自治区准噶尔盆地北部，源出降水比较丰富的阿尔泰山脉西南坡富蕴县境内，上源称库依尔特斯河，西流入哈萨克境内斋桑泊，下游汇入鄂毕河，是鄂毕河最大支流。干流右岸有来自阿尔泰山地的卡依尔特斯河、克兰河、布尔津、哈巴河等支流，水量丰富。从河源到中国边境长 546 千米，到汇入鄂毕河为止全长 2,969 千米。

鄂毕河是俄罗斯境内大河，为亚洲最大河流之一，鄂毕河也是世界大河之一，按流量排列，它为俄罗斯第三大河，仅次于叶尼塞河和勒拿河。鄂毕河源于阿尔泰山，呈曲线向西、北奔流，穿越西西伯利亚，经鄂毕湾注入北冰洋的喀拉海。鄂毕河是一条运输大动脉，穿越自然环境与民族性格迥异的俄罗斯腹地。虽然该河下游一带多为不毛之地，而且其所注入的水域为冰所充塞，但它所经流域却是一个具有巨大经济潜力的地区，而它亦已成为一个长期重大发展规划的课题。严格意义上的鄂毕河是在比亚河与卡通河在阿尔泰山的西伯利亚段山麓汇合后形成的，如果从这里算起，那么，其长度为3,650千米。然而，如若将额尔齐斯河视为主河道的一部分而不是鄂毕河的大支流，那么，从黑额尔齐斯河位于阿尔泰山中国部分的源头算起，最大长度为5,410千米，从而使鄂毕河成为世界第七大河；如将鄂毕湾包括在内，这一总长度还可再增加805千米。流域面积（鄂毕湾除外）近2,975,000平方千米。鄂毕河集水区约占喀拉海流域的一半，为世界第六大集水区。

鄂毕河是由卡通河与比亚河汇流而成，自东南向西北流再转北流，纵贯西伯利亚，最后注入北冰洋喀拉海鄂毕湾，河长4315千米（从卡通河源头算起），流域面积299万平方千米（其中包括内陆水系流域面积52.8万平方千米）。河口多年平均流量12300立方米/秒，实测最大流量43800立方米/秒，实测最小流量1650立方米/秒；年平均径流量3850亿立方米。含沙量沿程呈递减趋势（160～40克/立方米），年平均输沙量5000万吨。从卡通河与比亚河汇口起至托木河口为上游，托木河口至额尔齐斯河口为中游，额尔齐斯河口至鄂毕湾为下游。

发源于阿尔泰山的比亚河和卡通河在阿尔泰边疆区的比斯克西南汇流形成鄂毕河。比亚河发源于捷列茨湖，卡通河则发源于别卢哈山的冰川。在到达北纬55°前，鄂毕河曲折向北或者向西流，然后向西北划出一个巨大的弧线，然后向北，最终向东注入鄂毕湾。鄂毕湾是一个连接北冰洋喀拉海的上千千米长的狭长海湾。

◎刚果河

刚果河是非洲第二长河，刚果河全长约4700千米，流域面积约370万平方千米，也被称为扎伊尔河，位于中西非。刚果河的上游卢阿拉巴河发源于扎伊尔沙巴高原，最远源在赞比亚境内，叫谦比西河；北流出博约马瀑布后始称刚果河；干流流贯刚果盆地，河道呈弧形穿越刚果民主共和国，沿刚果（民）刚果边界注入大西洋。

刚果河由于流经赤道两侧，所以它获得南北半球丰富降水的交替补给，具有水量大及年内变化小的水情特征，河口年平均流量为每秒41000立方米，最大流量达每秒80000立方米。如果按流量来划分，刚果河的流量仅次于亚马逊河，是世界第二大河，也是世界上唯一干流两次穿越赤道的河流。河口成较深溺谷，河槽向大西洋底延伸150千米，在河口外形成广阔的淡水洋面。干支流多险滩、瀑布和急流，以中游博约马瀑布群和下游利文斯顿瀑布群最为著名。

刚果河流域包括了刚果民主共和国几乎全部领土，刚果和中非共和国大部、赞比亚东部、安哥拉北部以及喀麦隆和坦桑尼亚的一部分领土。在这片广阔的流域，密集的支流、副支流和小河分成许多河汉，构成一个扇形河道网。这些河流从周围海拔270～460米的一片会聚的斜坡上流入一个中央洼地，然而，这个洼地就是地球上最大的盆地——刚果盆地。刚果河有乌班吉河、夸河和桑加河等几个主要支流。刚果河自源头至河口分上、中下很不相同的三段，每部分都有不同的特点：上游的特点是多汇流、湖泊、瀑布和险滩；中游有7个大瀑布组成的瀑布群，称为博约马（旧称斯坦利）瀑布；下游分成两汉，形成一片广阔的湖区，称为马莱博湖。

刚果河流域具有非洲最湿润的炎热气候，并拥有最广袤、最浓密的赤道热带雨林。刚果河有终年不断的雨水供给，流量均衡；稠密的常绿森林和受赤道气候重要影响的刚果河流域同样广阔。森林区的外边是热带大草原带。刚果河中有多种鱼类和鳄鱼。刚果河自博约马瀑布以下可部分通航，加上众多支流，构成总长约16000千米的航运水道系统，对促进内陆的经济发展发挥着重要作用。刚果河流域的水力蕴藏量占世界已知水力资源的1/6，但目前尚未进行多少开发。金沙萨以下建有大型因加水利枢纽。

刚果河左岸支流多发源自安哥拉、赞比亚；右岸支流多发源自喀麦隆、中非，干流流经赞比亚、刚果民主共和国和刚果共和国。刚果河全长4640千米，流域面积约370万平方千米，其中60%在刚果民主共和国境内，其余面积分布在刚果共和国、喀麦隆、中非、卢旺达、布隆迪、坦桑尼亚、赞比亚和安哥拉等国。河口年平均流量39000立方米/秒，年径流量13026立方米，年径流深342毫米。其流域面积和流量均居非洲首位，在世界大河中仅次于南美洲的亚马逊河，居第二位。在非洲其长度仅次于尼罗河，而流量却比尼罗河大16倍。

从马莱博湖往上游起，刚果河流域所承接的年平均降雨量为1500千米左右，其中约1/4强流入大西洋。但刚果河的灌溉流域大约只有亚马逊河的一半大小，河口的流量每秒约41,000立方米，比亚马逊的每秒179,000,000立方米要少得多。

◎勒拿河

　　勒拿河是世界第十长河流，流域面积 2,490,000 平方千米（世界第九），勒拿河在中国清朝文献被称为列拿河，1689 年，尼布楚条约清俄谈判划定东段边界时，清朝曾提出以勒拿河为国界，以西归俄国，以东归清朝。但在条约中，则确定大致以外兴安岭为界。

　　勒拿河是俄罗斯主要河流，也是世界最长河流之一，长度位居世界第十位，从东南西伯利亚沿贝加尔湖西岸耸立的大山之中的源头流往位于北冰洋拉普捷夫海滨的三角洲河口，全长 4,400 千米。

　　勒拿河起源于中西伯利亚高原以南的贝加尔山脉海拔 1640 米处，距离贝加尔湖仅 20 千米。先朝东北方向流动，基陵加河和维京河汇入其中。与奥廖克马河会合后，经过最大城市雅库茨克就进入低地区。接着，河流转向北方再汇入右支的阿尔丹河。在上扬斯克山脉的阻挡下，河流被迫以取西北途径，再吸纳最重要的左支维柳伊河，最后向北注入北冰洋边缘的拉普捷夫海，并在新西伯利亚群岛西南方形成面积 18,000 平方千米的三角洲。河道在那里分成七支，最重要的是最东的贝科夫河口。

◎澜沧江——湄公河

※ 澜沧江——湄公河

　　湄公河是亚洲最重要的跨国水系，其干流全长 4880 千米是世界第六大河流。湄公河的主源为扎曲，发源于中国青海省玉树藏族自治州杂多县，流经中国、老挝、缅甸、泰国、柬埔寨和越南，于越南胡志明市流入南海。湄公河的流域除中国和缅甸外，均为湄公河委员会成员国。

湄公河上游在中国境内，称为澜沧江，下游三角洲在越南境内，因由越南流出南海有 9 个出海口，故越南称之为九龙江，总程度长 2139 千米。2011 年 11 月，澜沧江船东协会秘书长方友国称，中国将联合老挝、缅甸、泰国，为澜沧江—湄公河上的航运船只进行武装护航。

　　湄公河的上游是在中国的境内的澜沧江，主干流总长度为 2139 千米；

南阿河河口至南腊河河口 31 千米为中国与缅甸界河；老挝，湄公河老挝境内干流为 777.4 千米；老挝与缅甸界河为 234 千米；老挝和泰国界河为 976.3 千米；柬埔寨境内为 501.7 千米；越南境内的湄公河三角洲为 229.8 千米。

湄公河流域位于亚洲热带季风区的中心，每年 5～9 月底受来自海上的西南季风影响，潮湿多雨，5～10 月为雨季；11 月～次年 3 月中旬受来自大陆的东北季风影响，干燥少雨，11 月～次年 4 月为旱季。

湄公河最大的降雨是在 9 月份，能引起严重的洪水泛滥，但其影响大多只局限于三角洲地区和流域西部，偶尔穿越大陆使更大范围遭受长时间大雨袭击。因为其降雨的季节分布不均匀，流域各地每年都要经历一次强度和历时不同的干旱。

湄公河年径流量 4633 亿立方米，居东南亚各河首位。其主要补给水源为流域降水和雪山融水，其中降水占河流径流量的 1/2 以上，雪山融水占 1/6 左右。每年 5 月份雨季开始，水位上升，9～10 月为汛位高峰，最大洪峰流量曾达 7.57 万立方米/秒。泛滥地区主要在三角洲，洪泛面积约 400 万公顷，由于有洞里萨湖调节，减轻了泛滥程度。1～2 月为枯水期，最小流量 1250 立方米/秒。大部分河槽深切，多峡谷，适宜建坝，有蓄洪、灌溉、发电之利。水能蕴藏量干流达 1000 多万千瓦。湄公河航运不发达，上下游航运不能直通，上中游昌盛以下可分别通小汽艇和小轮船，金边以下可以通过 3000 吨海轮。

湄公河在其上游系萨尔温江与长江之间的高原上发源的大河之一，河床深，切入其流经的崎岖地区。在缅甸与老挝之间，约 20,720 平方千米缅甸领土都处于湄公河流域境内，全系都是坎坷不平的地区。湄公河有较为平缓的下游河段，构成老挝与泰国之间的一段相当长的边界，成为柬埔寨、老挝、泰国与越南四国之间摩擦与合作的一个主因。

湄公河在接近老挝、柬埔寨边境的地方约有 50 千米长的河道。当雨季到来时，最宽的地方达 14 千米，这是湄公河在老挝境内最宽的一段"腰"。旱季河水退落，这段"宽腰"会出现数以百计的小岛。如果把小渚、沙洲都算上，数量过千，当地人就把这个区域称为"四千美岛"。乘游艇在不知名的小岛中穿梭，可以在河风吹拂中观赏湄公河畔的美景。

◎尼日尔河

"尼日尔"是法语音译过来的，但它并不出自法语本身。在远古时代，尼日尔河的名称很多：河源地区的居民称之为迪尼日尔河奥利巴，意为

"大量的血液";上游一带的居民曼德人称之为"baba"(巴巴),意即"河流之王"之意;中游的哲尔马人则称之为伊萨·贝里,意为"伟大的河流"。

尼日尔河是西非主要河流,长 4,184 千米,居非洲第三,全球第十三,是仅次于尼罗河和刚果河的非洲第三长河,是西非最大河流。据说它是由希腊人起的名。尼日尔河发源于几内亚富塔贾隆高原东南坡,流经马里、尼日尔、贝宁、尼日利亚等国,最后注入几内亚湾。尼日尔河长 4160 千米,流域面积 2,090,000 平方千米。尼日水系在其南部与如下高地为界:富塔贾隆高原、布吉纳法索的邦福拉悬崖、约鲁巴高原和喀麦隆高地。尼日尔河为西非重要通航河流,通航河段占河长 75%。尼日尔河的水力资源丰富,蕴藏量 3000 万千瓦,其中已建不少水利枢纽工程。

尼日尔河的上游是从河源到库利科罗,流经山地和高原、平原地区,接纳众多支流,水量丰富,水流湍急,有著名的索图巴急流段;中游段为库利科罗到杰巴,河道呈一向北弯曲的大弧形,流经平原和沙漠地区,多为低洼湖沼区,广布"内陆三角洲",有利于农业灌溉和渔业,干流水量因蒸发加强而逐渐减少,支流较少,具有干旱区"客河"特点;杰巴至河口为下游段,流经雨水充沛地区,河系发育,水量丰富,支流众多,有利于航行。入海流量为 6340 立方米/秒。入海处形成广大的河口三角洲,底部宽 320 千米,南北长 240 千米,面积约 3.6 万平方千米,汊流密布,有大片红树林,不利于航行,富藏石油。

◎伏尔加河

伏尔加河又译窝瓦河,位于俄罗斯西南部,全长 3690 千米,是欧洲最长的河流,也是世界最长的内流河,是俄罗斯内河航运干道,最终流入里海。伏尔加河在俄罗斯的国民经济和俄罗斯人民的生活中起着非常重要的作用,因而,俄罗斯人都将伏尔加河称为"母亲河"。

伏尔加河发源于东欧平原西部的瓦尔代丘陵中的湖沼间,流经森林带、森林草原带和草原带,在这个流域居住的 6450 万人,约占俄罗斯人口的 43%。它通过伏尔加河中的波罗的海运河连接波罗的海、通过北德维纳河连接白海、通过伏尔加河——顿河运河与亚速海和黑海沟通,注入里海,因此,它也有"五海通航"的美称。

伏尔加河是俄国的历史摇篮,养育了俄罗斯人,它是俄罗斯的"母亲河"。伏尔加盆地占俄罗斯欧洲部分的 2/5,其居民几乎占俄罗斯联邦全部人口的 1/2。伏尔加河巨大的经济、文化和历史的重要性、还有河流及其盆地的巨大面积、使其跻身于世界大河之列。

伏尔加河发源于俄罗斯特维尔州奥斯塔什科夫区、瓦尔代丘陵东南的湖泊间，源头海拔 228 米。伏尔加河自源头向东北流至雷宾斯克转向东南至古比雪夫折向南，流至伏尔加格勒后，向东南注入里海。伏尔加河的河流全长 3688 千米，流域面积 138 万平方千米，河口多年平均流量约为 8000 立方米/秒，年径流量为 2540 亿立方米。伏尔加河干流总落差 256 米，平均坡降 0.007°。伏尔加河的河流流速缓慢，河道弯曲，多沙洲和浅滩，两岸多牛轭湖和废河道。在伏尔加格勒以下，由于流经半荒漠和荒漠，水分被蒸发，没有支流汇入，流量降低。伏尔加河河源处海拔仅有 228 米，而河口处低于海平面 28 米。从距河源不远的尔热夫算起，往下 3000 多千米的河段内，总落差仅有 190 米，因此河水流速缓慢，沙洲、浅滩、牛轭湖、废河道广为分布，是一条典型的平原河流。

伏尔加河在河口的三角洲，三角洲面积 1.9 万平方千米，上分成 80 条汉河注入里海。干、支流通航里程 3,256 千米；货运量占全国河运总量的半数以上。主要货流以石油、木材、粮食、机械为大宗。其结冰期为每年的 11 月末至次年 4 月，通航期为每年 7～9 月，重要河港还有特维尔、雅罗斯拉夫尔、喀山、萨马拉和阿斯特拉罕等。伏尔加河流经俄罗斯 13 个联邦主体，它们依次是特维尔州、雅罗斯拉夫尔州、科斯特罗马州、伊万诺沃州、下诺夫哥罗德州、马里埃尔共和国、楚瓦什共和国、鞑靼斯坦共和国、萨马拉州、萨拉托夫州、伏尔加格勒州、阿斯特拉罕州。

◎印度河

印度河是巴基斯坦主要河流，也是巴基斯坦重要的农业灌溉水源。河名出自梵文 Sindhu（信度）之拉丁语式拼法 Indus——即"河流"之意，1947 年印巴分治以前，印度河仅次于恒河，是该地区的文化和商业中心地带。印度河的河流总长度 2900～3200 千米，其文明也是世界上最早进入农业文明和定居社会主要文明之一。

印度河是印度的大河，发源于西藏高原，流经喜马拉雅山与克拉昆仑山两山脉之间，流向西南而贯穿喜马拉雅山。印度河的右岸交会喀布尔河，左岸汇流旁遮普地方之诸支流，经巴基斯坦而入阿拉伯海。五河之地乃古印度文化之据点；佛教文化则盛行于喀布尔流域。

印度河干流源于中国西藏境内喜马拉雅山系凯拉斯峰的东北部，山峰平均海拔约 5500 米，终年冰雪覆盖。印度河上游为狮泉河，河流在印度境内基本上向西北流，河流穿过喜马拉雅山脉和喀喇昆仑山脉之间，接纳众多冰川，进入巴基斯坦境内后，在布恩吉附近与吉尔吉特河相汇，然后转向西南流，转向西南贯穿巴基斯坦全境，在卡拉奇附近注入阿拉伯海。左侧支流的上游部分大部分在印度境内，少部分在中国境内，右侧的一些支流源于阿富汗。印度河总流域面积为 103.4 万平方千米，干流长约 2900 千米，平均年径流 2070 亿立方米，年输沙量约为 5.4～6.3 亿吨，平均含沙量 3 千克立方米。

印度河干流从源头至卡拉巴格被称为是上游，长约 1368 千米。河流穿行于峡谷中，河道狭窄，比降大，多急滩，流速大。其中有两个大峡谷段，一个是从斯卡杜至本吉，一个是从阿托克至卡拉巴格。从卡拉巴格至海得拉巴德为下游段，河床比降小，河道宽阔，河流分支汊，流速缓慢，具有平原河流的特征。但在苏库尔和罗里山之间，河道狭窄，在塞危镇附近出现高约 182 米的拉希山陡壁。从海德拉巴以下为河口段，亦即印度河三角洲。由于上游多为冰川雪山，融雪带来大量泥沙，淤积于河床，致使三角洲面积逐年扩大，河口每年向外延伸约 11.8 米。

印度河是巴基斯坦主要河流，也是巴基斯坦重要的农业灌溉水源。1947 年"印、巴分治"，分为印度和巴基斯坦，河水归两国共同使用。为了避免纠纷，两国在 1960 年签订了《印度河用水条约》，规定印度使用河水系总水量的 1/5，其余归巴基斯坦使用。

▶ 小链接

　　历史上，人类及其社会生态系统的发生发展与河流相互依存，密不可分。如古中国人发源于黄河流域，古埃及人发源于尼罗河流域，古印度人发源于恒河流域，古巴比伦人发源于两河流域。至 20 世纪后半期，几乎全世界范围内的河流生态都不同程度地呈现单项或多项并发症：河流崩溃、尾闾消绝。除了美国科罗拉多河外，亚洲几条较大的河流——恒河、印度河、黄河、阿姆河、锡尔河，在一年中的大多数时候都不能入海。

拓展思考

1. 你知道多少条世界上比较著名的河流？
2. 古中国人发源于哪里？

认识我们身边的水能

水

SHUINENG——HAIYANGNENG

能——海洋能

第四章

　　神秘美丽的蓝色海洋世界给了人们无限的遐想和向往。但是，你知道海洋除了给我们带来美感和美味的海产品之外，还是能够发电的新能源之一吗？海洋中经常会出现的潮汐、洋流、温差、盐差等现象，这些现象如果能够加以利用，就都能够成为让人类赖以生存的能源哦！

广阔的蓝色海洋能源

Guang Kuo De Lan Se Hai Yang Neng Yuan

我们都知道，地球大部分都被海洋所覆盖着，它约占了地球表面积的70.9％的盐水水域，海洋分布于地球表面的巨大盆地里，约有362,000,000平方千米的面积。在海洋中，海洋水有十三亿五千多万立方米，占到了地球总水量的97.5％。在全球的海洋中，海洋被分为了数个大洋和海，主要有太平洋、大西洋、印度洋和北冰洋，它们大部分以陆地和海底地形为界。

很多人常说海洋，事实上，海和洋是两回事，海洋的中心部分是洋，它构成了海洋的主体。大洋远离陆地，不受陆地的影响，并且洋的水温和盐度没有太大的变化。大洋的水是蔚蓝色的，并且有非常高的透明度，也没有太多的杂质。而海处于洋的边缘，是大洋的附属部分。而海由于靠近陆地，因此，海水的温度、盐度、颜色和透明度都会受到陆地的影响，会

※ 海洋有什么能源？

有明显的变化。而且，在雨多的季节，或者是河流入海的地方，海水颜色会变淡。由于受到陆地的影响，河流入海时，会夹带很多的泥水，致使近岸的海水混浊不清而且透明度变得比较差。

海底给人们留下了许多的幻想，人们一直都想探索海底，但是，由于海底的压力和其他因素，人们一直都没有机会。直到 20 世纪的 50 年代，地理学家们才用先进的技术测绘出海底的世界。

在海底有座非常高耸的海洋"山脊"，它形成了一道水下"山脉"，穿过了世界上所有的海洋。海底的"山脊"也叫做断裂谷，并

且从里面不断冒出岩浆。一条条的新生海底山脉在岩浆冷却后就在海底底部形成了，而这个过程就叫做海底扩张，这些新生的海底山脉被称为海岭。因为断裂谷添了新岩石后，两边的岩石渐渐就远离洋脊中央，因此，远离"山脉"的岩石就会越古老。在海岭和新的海底平原形成后，岩浆还会从断裂谷继续喷出，它们起着"传送带"的作用，把一条条新海岭从地壳岩层中推送出来，同时，又把它们慢慢地从地壳岩层中推落下去，重新熔化到地幔中去，达到新生和消长的平衡。

这就是人们一直想要知道的海底。广阔的海洋，从蔚蓝到碧绿，是许多动植物的生活之地。海底也是一个多彩的世界，海洋中的绿藻，是大气层氧气的主要制造者之一，而且海洋里的热带珊瑚是地球物种最丰富的系统。大洋里错综复杂的食物网养育了种类繁多的海洋生物，它比陆地上的任何生态系统都要复杂，从生活在洋底火山口边的吃硫磺的微生物、细菌，到各种深海鱼类，它们放出的荧光能照亮很远很远的地方，这吸引了许多以它们为食的生物。甚至在有些地方还可能潜藏着有待发现的被称为"海怪"的动物新种。

认识我们身边的水能

·自由自在的洋流·

洋流是一个巨大的水体，它在海洋里以水平方向、有规律、稳定地流动着。洋流的形成有很多的原因，风是可以让海流运动的其中一个因素，但洋流也可能是由于热盐效应所造成的海水密度分布不均匀形成的。在不同的海域，由于海水的温度和盐度不同，海水的密度发生了差异，引起了海水水位的差异。由于两个海域之间的海水密度不同，就产生了由于海面的倾斜而造成的海水流动，这样的洋流叫做密度流。而在某个海域的水减少时，近临海域的海水便会自动补充，这样的洋流叫做补偿流。

在海洋里有许多洋流，并且每条洋流每年都沿着比较固定的路线流动。洋流与周期性地改变着自己的流速和流向的潮流不同，它是具有相对比较稳定流向的海水流动。洋流可以是一支浅而狭窄的水流，仅仅沿着海洋表面流动；也可以是一股深而广阔的洪流，携带着数百万吨海水前进。洋流的性质可以分为比流经海区水温高的暖流和比流经海区水温低的寒流。因此以相对温度为准划分寒流和暖流的，因此寒流的实际温度不一定都比暖流低；而暖流的温度也不一定都比寒流高。

世界大洋中规模最大的寒流是环南极洋流，它是在西风推动下自西而东环绕非洲、南美洲和澳大利亚与南极间的广阔海域流动的洋流，属于寒流。由于不受大陆的阻拦，随风漂流，因此又称为西风漂流。这股洋流宽约300～2000千米，表层流速每小时1～2千米，也是最大的洋流。墨西哥湾暖流也叫湾流，是世界上是最强大而且影响最深远的一支暖流。该暖流流经佛罗里达海峡时，流速可达到每昼夜130～150千米。它宽约150千米，深约800米，表层水温达27～28摄氏度，总流量每秒7400～9300万立方米，几乎相当于全世界河流总流量的60倍。拥有巨大热量的暖流，使北美东部沿海一带和欧洲西北部的气候变得温暖而湿润。它可以使纬度较高的英国、挪威等国的港口终年不封冻，甚至也让北极圈内的摩尔曼斯克港也成为不冻港。

没有一处的海水是静止不动的，海水的普遍运动形式之一就是洋流，它就像人体血液循环一样，把世界大洋联系在一起，使各大洋得以保持其水文、化学要素的长期相对稳定。平常所说的洋流都是指稳定流，洋流具有很大的规模，是促成不同海区间，大规模水量、热量和盐量交换的主要因子，对气候状况、海洋生物、海洋沉积、交通运输等方面都有巨大影响。

洋流把海水从一个海域带到另一个海域，从底层带到表层，使各地的海水不断地新陈代谢；同时，又把海面上的气体送到海洋深处，养育着大量的海洋生物；另外，还把热量带到寒冷的地方，充当着调节气候的角色。

┃拓展思考┃

1. 海洋有什么神秘的能量？
2. 海洋占地球多大的面积？

怎样利用广阔的海流能

Zen Yang Li Yong Guang Kuo De Hai Liu Neng

※ 海流

海流能是指海水流动时产生的动能，主要是指海底水道和海峡中比较稳定的流动以及由于潮汐导致的有规律的海水流动所产生的能量，是另一种以动能形态出现的海洋能。

海流能的能量与流速的平方和流量成正比。相对波浪而言，海流能的变化要平稳而且有规律得多。潮流能随着潮汐的涨落每天两次改变大小和方向。一般来说，最大流速在2米/秒以上的水道，它的海流能都有实际开发的价值。

海流主要是指海底水道和海峡中比较稳定的流动以及由于潮汐导致的有规律的海水流动，其中一种是海水环流，是指大量的海水从一个海域长距离地流向另一个海域。这种海水环流通常由两种因素引起：首先，海面上常年吹着方向不变的风，如赤道南侧常年吹着不变的东南风，而其北侧则是常年吹着不变的东北风。

风吹动海水，使水表面运动起来，而水的动性又将这种运动传到海水深处。随着深度的增加，海水流动速度逐渐降低；有时流动方向也会随着深度增加而逐渐改变，甚至出现下层海水流动方向与表层海水流动方向相反的情况。在太平洋和大西洋的南北两半部以及印度洋的南半部，也是按反时钟方向旋转的海水环流。在低纬度和中纬度海域，风是形成海流的主要动力。其次，不同海域的海水，温度和含盐度也常常不同，它们会影响到海水的密度。海水温度越高，含盐量越低，海水密度就会越小。这样两个邻近海域海水密度不同也会造成海水环流。海水流动会产生巨大能量。据估计全球海流能高达5太瓦。

◎海流成因

大海中都是水，为什么会形成海流呢？其中最主要的原因是风，当风吹拂海面的时候，推动海水随风飘动，并且使上层海水带动下层海水流动，这样形成的海流就被称为风海流或者漂流。但是，这种海流会随着海水深度的增大而加速减弱，直至小到可以忽略。

还有一种原因，海流是由于不同海域海水温度和盐度的不同而导致的海水的流动，这样的海流叫做密度流。比如在直布罗陀海峡处，地中海的盐度比大西洋高，所以在水深 500 米的地方，地中海的海水经直布罗陀海峡流向大西洋，而在大洋表层，大西洋的海水则流向地中海，补充了地中海海水的缺失。

海流的其他成因还有地转流、补偿流、河川泻流、裂流、顺岸流等。

◎利用方式

发电

海流能的利用方式主要是发电，它的原理和风力发电相似，几乎任何一个风力发电装置都可以改造成为海流能发电装置。但是，由于海水的密度约为空气的 1000 倍，而且必须放置于水下，所以海流发电存在着一系列的关键技术问题，包括安装维护、电力输送、防腐、海洋环境中的载荷与安全性能等。此外，海流发电装置和风力发电装置的固定形式和透平设计也有着很大的不同。海流装置可以安装固定于海底，也可以安装于浮体的底部，而浮体通过锚链固定在海上。海流中的透平设计也是一项关键技术。

助航

人类对海流传统的利用是"顺水推舟"。帆船时代，利用海流助航，就如人们常说的"顺水推舟"。18 世纪时美国政治家兼科学家富兰克林曾绘制了一幅墨西哥湾流图。这幅图特别详细地标绘了北大西洋海流的流速、流向，供来往于北美和西欧的帆船使用，这大大缩短了帆船船员横渡北大西洋的时间。在东方，相传"二战"的时候日本人曾利用黑潮从中国、朝鲜以木筏向本土漂送粮食。而现在，人造卫星遥感技术可以随时测定各海区的海流数据，为海洋上的轮船提供最佳航线导航服务。

海流发电也受到很多国家的重视，1973 年，美国试验了一种名为

"科里奥利斯"的巨型海流发电装置。该装置为管道式水轮发电机。机组长 110 米，管道口直径 170 米，安装在海面下 30 米处。在海流流速为 2.3 米/秒条件下，该装置获得了 8.3 万千瓦的功率。日本、加拿大也在大力研究试验海流发电技术，我国的海流发电研究也已经有样机进入中间试验阶段。

海流发电技术，除上述类似江河电站管道导流的水轮机外，还有类似风车桨叶或风速计那样机械原理的装置。一种海流发电站，有许多转轮成串地安装在两个固定的浮体之间，在海流冲击下呈半环状张开，人们称为花环式海流发电站。另外，前面提到的水轮机潮流发电船，也可以用于海流发电。

◎发电装置

海流发电装置主要有轮叶式、降落伞式和磁流式三种，轮叶式海流发电装置主要是利用海流推动轮叶，轮叶带动发电机发出电流。轮叶可以是螺旋桨式的，也可以是转轮式的。降落伞式海流发电装置由几十个串联在环形铰链绳上的"降落伞"组成。顺海流方向的"降落伞"靠海流的力量撑开，逆海流方向的降落伞则靠海流的力量收拢，"降落伞"顺序张合，往复运动，带动铰链绳继而带动船上的绞盘转动，绞盘带动发电机发电。磁流式海流发电装置以海水作为工作介质，让有大量离子的海水垂直通过强大磁场，然后获得电流。海流发电的开发史还不是很长，发电装置还处在原理性研究和小型试验阶段。

◎中国现状

中国海域辽阔，既有风海流，又有密度流；有沿岸海流，还有深海海流。这些海流的流速多在每小时 0.5 海里，流量变化不大，而且流向比较稳定。如果以平均流量每秒 100 立方米计算的话，中国近海和沿岸海流的能量就可以达到一亿千瓦以上，其中以台湾海峡和南海的海流能量最丰富，它们将为我国沿海地区工业发展提供充足而廉价的电力。

利用海流发电比陆地上的河流优越得多，它既不受洪水的威胁，又不受枯水季节的影响，几乎以常年不变的水量和一定的流速流动，完全可成为人类可靠的能源。

海流发电主要是依靠海流的冲击力使水轮机旋转，然后再变换成高速，带动发电机发电。目前，海流发电站多是浮在海面上的。例如，一种叫"花环式"的海流发电站，是用一串螺旋桨组成的，它的两端固定在浮筒上，浮筒里装有发电机。整个电站迎着海流的方向漂浮在海面上，就像献给客人的花环一样。这种发电站是用一串螺旋桨组成的，因为海流的流速比较小，单位体积内所具有能量也比较小。它的发电能力通常是比较小的，一般只能为灯塔和灯船提供电力，最多他只是为潜水艇上的蓄电池充电而已。

◎技术创新

美国曾设计过一种驳船式海流发电站，它的发电能力比花环式发电站要大很多。这种发电站实际上就是一艘船，因此叫发电船似乎更合适些。在船舷两侧装着巨大的水轮，它们在海流推动下不断地转动，然后带动发电机发电。它发出的电力通过海底电缆送到岸上。这种驳船式发电站的发电能力约为 5 万千瓦，而且由于发电站是建在船上，所以当有狂风巨浪袭击时，它可以驶到附近港口躲避，可以保证发电设备的安全。

20 世纪 70 年代末期，国外研制了一种设计新颖的伞式海流发电站，这种电站也是建在船上的。它是将 50 个降落伞串在一根很长的绳子上来聚集海流能量的，绳子的两端相连，形成一个环形。然后，将绳子套在锚泊于海流的船尾的两个轮子上。置于海流中的降落伞由强大海流推动着，而处于逆流的伞就像大风把伞吸胀撑开一样，顺着海流方向运动。于是，拴着降落伞的绳子又带动船上两个轮子，连接着轮子的发电机也就跟着转动而发出电来，它所发出的电力通过电缆输送到岸上。

| 拓展思考 |

1. 海流能是怎么形成的？
2. 人们是怎样利用海流能进行发电的？

潮汐现象也是一种能源？

Chao Xi Xian Xiang Ye Shi Yi Zhong Neng Yuan?

所谓潮汐能，就是由于月球引力的变化引起潮汐现象，潮汐导致海水平面周期性地升降，在升降过程中，海水涨落及潮水流动所产生的能量。潮汐能的能量与潮量和潮差成正比，或者说，与潮差的平方和水库的面积成正比。它的利用原理与水力发电相似。但是与水力发电相比，潮汐能的能量密度很低，相当于微水头发电的水平。

潮汐能是以势能形态出现的海洋能，是指海水潮涨和潮落形成的水的势能与动能。它包括潮汐和潮流两种运动方式所包含的能量，潮水在涨落中蕴藏着巨大能量，这种能量是一种永恒的而且无污染的能量。

◎潮汐能的来源与形成

潮汐能是由潮汐现象产生的能源，它与天体引力有很大的关系，地球－月亮－太阳系统的吸引力和热能是形成潮汐能的来源。潮汐能是由于日、月引潮力的作用，使地球的岩石圈、水圈和大气圈分别产生的周期性

※ 潮汐

的运动和变化而产生的能量。固体地球在日、月引潮力作用下引起的弹性—塑性形变，称固体潮汐能。

作为完整的潮汐科学，其研究对象应将地潮、海潮和气潮作为一个统一的整体，但是因为海潮现象十分明显，而且与人们的生活、经济活动、交通运输等关系密切，因而习惯上将潮汐能一词狭义理解为海洋潮汐。

海洋的潮汐中蕴藏着非常巨大的能量，在涨潮的过程中，汹涌而来的海水具有很大的动能，而随着海水水位的升高，就把海水的巨大动能转化为势能；在落潮的过程中，海水奔腾而去，水位逐渐降低，势能又转化为动能。世界上潮差的较大值约为 13～15 米，但一般说来，平均潮差在 3 米以上就会有实际应用价值。潮汐能是因地而异的，不同的地区常常有不同的潮汐系统，它们都是从深海潮波获取能量，但是具有各自最独有的特征。尽管潮汐很复杂，但人类对于任何地方的潮汐都可以进行准确预报。潮汐能的利用方式主要是发电。

发展像潮汐能这样的新能源，可以间接使大气中的 CO_2 含量的增加速度减慢。潮汐是一种世界性的海平面周期性变化的现象，由于受月亮和太阳这两个万有引力源的作用，海平面每昼夜会有两次涨落。潮汐作为一种自然现象，为人类的航海、捕捞和晒盐等活动提供了很大的方便。更值得指出的是，它还可以转变成电能，给人带来光明和动力。

潮汐发电是利用海湾、河口等有利地形，建筑水堤，形成水库，以便于蓄积大量的海水，并在坝中或坝旁建造水利发电厂房，通过水轮发电机组进行发电。当出现大潮能量集中的时候，并且在地理条件适于建造潮汐电站的地方，从潮汐中提取能量才有可能。虽然这样的场所并不是到处都有，但是，世界各国都已选定了相当数量的适宜开发潮汐电站的地址。

潮汐能可以像水能和风能一样用来推动水磨、水车等，也可以用来发电。当前，潮汐能的主要功能就是发电。利用潮汐能发电，首先要做的就是在海湾或河口建筑拦潮大坝。形成水库后，在坝中修建机房，安装水轮发电机，利用水位差使海水带动水轮机发电。建成潮汐发电站后还有利于海洋养殖业的发展。

世界上，潮汐能主要分布在潮差较大的喇叭形海湾和河口地区，比如加拿大的芬迪湾、巴西的亚马逊河口、南亚的恒河口和中国的钱塘江口等都蕴藏着大量的潮汐能。

中国的潮汐能资源十分丰富，海岸线的长度约为 1.8 万千米。中国沿海地区已经修建了一些中小型潮汐发电站。在温岭江厦港，就有一座中国规模最大的潮汐发电站——江厦潮汐发电站，它还是世界第三、亚洲第一大潮汐发电站。潮汐发电站由于受潮水涨落的影响，因此很不稳定。海水对水轮机和金属构件的腐蚀及水库泥沙淤积问题都比较严重。这些问题都是急需解决的，只有将这些做好，才能更好地利用潮汐能来发电。

◎潮汐能的发电原理及形式

潮汐发电的工作原理与常规水力发电的原理十分类似，它是利用潮水的涨、落产生的水位差所具有的势能来发电的。差别在于海水与河水不同，蓄积的海水落差不大，但流量较大，并且呈间歇性，因此潮汐发电的水轮机的结构要适合低水头、大流量的特点。具体地说，就是在有条件的海湾或感潮河口建筑堤坝、闸门和厂房，将海湾（或河口）与外海隔开围成水库，并在闸坝内或发电站厂房内安装水轮发电机组。海洋潮位周期性的涨落过程曲线类似于正弦波。对水闸适当地进行启闭调节，使水库内水位的变化滞后于海面的变化，水库水位与外海潮位就会形成一定的高度差（也就是工作水头），从而驱动水轮发电机组发电。从能量的角度来看，潮汐能发电就是将海水的势能和动能，通过水轮发电机组转化为电能的过程。

潮水的流动与河水的流动不同，它是不断变换方向的，潮汐发电主要有以下三种形式：

单库单向电站：只用一个水库，仅在涨潮（或落潮）时发电，中国浙江省温岭市沙山潮汐电站就是这种类型。

单库双向电站：用一个水库，但是在涨潮与落潮时都可以发电，只是在平潮时不能发电，广东省东莞市的镇口潮汐电站及浙江省温岭市江厦潮汐电站，就是这种形式。

双库双向电站：用两个相邻的水库，使一个水库在涨潮时进水，另一个水库在落潮时放水。这样的话，前一个水库的水位总比后一个水库的水位高，故前者称为上水库，后者称为下水库。水轮发电机组放在两水库之间的隔坝内，两水库始终保持着水位差，所以可以全天发电。

◎利用潮汐发电需要具备哪些条件：

第一，潮汐的幅度必须大，至少要有几米。

第二，海岸的地形必须能储蓄大量海水，并可进行土建工程。

▶ 小 链 接

潮汐发电：成本仅为火电的1/8。

海洋能指海洋中蕴藏的可再生能源，有潮汐能、波浪能、海洋温差能等。其中，潮汐能指海水潮涨和潮落形成的水势能，有储量大、较稳定等优点。而潮汐涨落时高、低潮位之间的落差，可带动发电机组发电。

潮汐发电有许多优点，例如，潮水来去有规律，不受洪水或枯水的影响；以河口或海湾为天然水库，不会淹没大量土地；不污染环境；不消耗燃料等。但潮汐电站修建，也有工程艰巨、造价高、海水对水下设备有腐蚀作用等缺点。但综合经济比较结果，潮汐发电成本低于火电。

据海洋学家计算，如果把全球蕴藏的潮汐能全部转换为电能，其总量是全球总发电量的1/10，成本是火力发电的1/8。

在巨大的利益驱动下，韩国、挪威、英国、澳大利亚等国家掀起潮汐发电的热潮，建设了一批潮汐发电站，证实了潮汐发电的可靠性和经济效益。

我国拥有32000千米的海岸线，有近200个海湾、河口，具有开发潮汐能的条件。据统计，我国潮汐能总储量达1.9亿千瓦其中可开发量达3850万千瓦，年发电量达870亿千瓦时。

我国有40多年的潮汐能开发史，有8座长期运行的潮汐电站，但这些潮汐能电站规模都较小，总装机量为6120千瓦。

目前，位于温岭市的江夏潮汐试验电站是我国最大的潮汐电站，但该站总装机量仅为法国朗斯洛潮汐电站的1/75。

哈尔滨工业大学船舶工程学院教授王大政说："我国在潮汐能开发、利用方面刚起步，应把重点放在关键技术的研发和储备上。"

| 拓展思考 |

1. 潮汐是什么？
2. 为什么潮汐能够发电？
3. 你知道潮汐发电都需要具备什么条件吗？

认识我们身边的水能

波浪是如何变成能源的？

Bo Lang Shi Ru He Bian Cheng Neng Yuan De ?

波浪能发电是指以波浪的能量为动力生产电能。海洋波浪蕴藏着巨大的能量，正弦波浪每米波峰宽度的功率 $P \approx HT$ 千瓦/米。式中，H 为波高，T 为波周期。通过某种装置可以将波浪的能量转换为机械的、气压的或液压的能量，然后通过传动机构、汽轮机、水轮机或油压马达驱动发电机发电。全球有经济价值的波浪能开采量估计为 1～10 亿千瓦。中国波浪能的理论储量约为 7000 万千瓦。

◎简史

1799 年，法国的吉拉德父子获得了利用波浪能的首项专利。1910 年，法国的波契克斯－普莱西克，建造了一套气动式波浪能发电装置，供应他自己住宅 1 千瓦的电力。1965 年，日本的益田善雄发明了导航灯浮标用

※ 波浪

汽轮机波浪能发电装置，获得推广之后，此项装置成为首次商品化的波浪能发电装置。受 1973 年石油危机的刺激，从 20 世纪 70 年代中期起，英国、日本、挪威等波浪能资源丰富的国家，把波浪能发电作为解决未来能源的重要课题，开始大力研究开发。在英国，索尔特发明了点头鸭装置，科克里尔发明了波面筏装置，国家工程试验室发明了振荡水柱装置，考文垂理工学院发明了海蚌装置。1978 年，日本建造了一艘长 80 米、宽 12 米、高 5.5 米称为"海明号"的波浪能发电船。该船有 22 个底部敞开的气室，每两个气室可装设一台额定功率为 125 千瓦的汽轮机发电机组。1978～1986 年，日本、美国、加拿大、英国、爱尔兰五国合作，先后三次在日本海由良海域对"海明号"进行了波浪能发电史上最大规模的实海原型试验。但是因为发电成本高，所以没有获得商业实用。1985 年，英国、中国各自研制成功采用对称翼汽轮机的新一代导航灯浮标用的波浪能发电装置，挪威在卑尔根附近的奥依加登岛建成了一座装机容量为 250 千瓦的收缩斜坡聚焦波道式波浪能发电站和一座装机容量为 500 千瓦的振荡水柱气动式波浪能发电站，标志着波浪能发电站开始实用化。

波浪能发电方式数以千计，按能量中间转换环节可以分为机械式、气动式和液压式三大类：

◎机械式

通过某种传动机构实现波浪能从往复运动到单向旋转运动的传递来驱动发电机发电的方式，机械式装置采用齿条、齿轮和棘轮的机构。随着波浪的起伏，齿条就和浮子一起升降，驱动与之啮合的左右两只齿轮作往复旋转运动。齿轮各自以棘轮机构与轴相连。齿条上升，左齿轮驱动其轴逆时针旋转，右齿轮则顺时针空转。通过后面一级齿轮的传动，驱动发电机顺时针旋转发电。机械式装置大多是早期的设计，往往结构比较笨重，可靠性比较差，没有获得实用。

◎气动式

通过气室、气袋等泵气装置将波浪能转换成空气能，再由汽轮机驱动发电机发电的方式。由于波浪运动的表面性和较长的中心管的阻隔，管内水面可以看作静止不动的水面。管内水面和汽轮机之间是气室。当浮体带中心管随着波浪上升的时候，气室容积增大，经阀门吸入空气。当浮体带中心管随着波浪下降的时候，气室容积就会减小，受压空气将阀门关闭经汽轮机排出，驱动冲动式汽轮发电机组发电。这是单作用的装置，只在排气过程有气流功率输出。它有两组吸气阀和两组排气阀，固定气室的内水位在波浪激励下升降，形成排气、吸气的过程。四组吸、排气阀相应开启和关闭，使交变气流整流成单向气流通过冲动式汽轮机，驱动发电机发电，这就是双作用的装置，在吸、排气过程都有功率输出。气动式装置使缓慢的波浪运动转换为汽轮机的高速旋转运动，机组缩小，而且主要部件不和海水接触，提高了可靠性。气动式装置在日本益田善雄发明的导航灯浮标用波浪能发电装置上获得非常成功的应用。1976年，英国的威尔斯发明了能在正反向交变气流作用下单向旋转做功的对称翼汽轮机，省去了整流阀门系统，使气动式装置大大简化了。该型汽轮机已经在英国、中国新一代导航灯浮标波浪能发电装置和挪威奥依加登岛500千瓦波浪能发电站获得成功的应用。采用对称翼汽轮机的气动式装置是迄今最成功的波浪能发电装置之一。

◎液压式

液压式是通过某种泵液装置将波浪能转换为液体（油或海水）的压能或位能，然后再由油压马达或水轮机驱动发电机发电的方式。波浪运动产生的流体动压力和静压力使靠近鸭嘴的浮动前体升沉并绕着相对固定的回转轴往复旋转，驱动油压泵工作，将波浪能转换为油的压能，经由油压系统输送，再驱动油压发电机组进行发电。点头鸭装置有着较高的波浪能转换效率，但是结构复杂，海上工作安全性差，并没有获得实际应用。波浪进入宽度之后，逐渐变窄、底部逐渐抬高的收缩波道后，波高增大，海水翻过导波壁进入海水库，波浪能转换为海水位能，然后用低水头水轮发电机组发电。聚焦波道装置已经在挪威奥依加登岛250千瓦波浪能发电站成功的应用。这种装置有海水库储能，可以实现较稳定和便于调控的电能输出，是迄今最成功的波浪能发电装置之一。但是对地形条件依赖性较强，所以应用受到局限。

◎展望

大规模波浪能发电的成本还很难与常规能源发电竞争，但是特殊用途的小功率波浪能发电，已经在导航灯浮标、灯桩、灯塔等上获得推广应用。在边远海岛，小型波浪能发电可以与柴油发电机组发电竞争。今后还应该进一步研究新型装置，以提高波浪能转换效率；研究聚波技术，以提高波浪能密度，缩小装置尺寸，降低造价；研究在离大陆较远、波浪能丰富的海域利用工厂船就地发电、就地生产能量密集的产品，如电解海水制氢、氨及提铀等，以提高波浪能发电的经济性。有关专家预计，随着化石能源资源的日趋枯竭，技术的进步，波浪能发电将在波浪能丰富的国家逐步占有重要的地位。

▶ 知识万花筒

波浪能：可利用量20亿千瓦

波浪能指海洋表面波浪具有的动能和势能，是在风的作用下产生的、以位能和动能的形式由短周期波储存的机械能，具有能量密度高、分布广等特点。世界能源委员会的数据显示，全球可利用的波浪能达20亿千瓦，是目前全球电能产量的2倍。

我国陆地海岸线长，岛屿多，波浪能总量达5亿千瓦，其中可开发利用的有1亿千瓦，沿海波浪能能流密度约每米2千瓦—7千瓦。在能流密度高的地方，每1米海岸线外的波浪能流，可满足20个家庭照明的电量需求。

然而，驯服波浪不容易。

首先，波浪能是海洋能源中比较不稳定的一种。它捕食定期产生的，各地区波高不同，开发利用难。其次，波浪发电是开发利用波浪能的主要方式，但海浪有速度慢、易发生周期性变化等特点，尽管我国研制了多种波浪能发电装置，但装置的发电功率低、发电效果不佳。目前，我国对波浪能的开发和利用还处于示范阶段。

中国可再生能源学会海洋能专业委员会专家认为，在我国实现波浪能的商业开发有待时日，目前要着力于海浪发电技术的研究。

值得一提的是，近期我国研制出一种新的波浪能发电装置——振荡浮子式波浪能发电装置。与传统波浪能发电装置相比，该装置发电效率高、建造成本低、抗台风能力强。

┃ 拓展思考 ┃

1. 什么是波浪能？
2. 波浪能有哪些特点？
3. 波浪能是怎么发电的？

什么是水力发电

SHENMESHISHUILIFADIAN

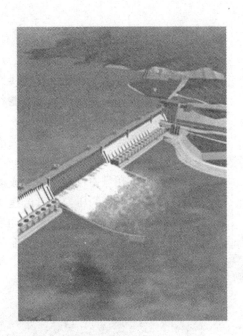

　　水能是一种取之不尽，用之不竭，而且可以再生的清洁能源。所以利用水力来发电不仅是一种可以再生的能源，而且对环境的冲击十分小。但是为了有效利用天然水能，势必需要人工修筑能集中水流落差和调节流量的水工建筑物，如大坝、引水管涵等。现在就让我们一起去了解水力发电的秘密吧！

什么是水力发电？

Shen Me Shi Shui Li Fa Dian

水力发电指的是一种研究将水能转换为电能的工程建设和生产运行等技术经济问题的科学技术，水力发电利用的水能主要是蕴藏在水体里面的位能。为了实现把水能转换为电能，需要兴建不同类型的水电站。

水力发电指的是运用水的势能和动能转换成电能来发电的方式，以水力发电的工厂被称为水力发电厂，简称水电厂，又叫做水电站。世界上水力发电还处于起步阶段。河流、潮汐、波浪以及涌浪等水运动均可以用来发电。也有部分水能用于灌溉。

水的落差在重力作用之下形成动能，从河流或水库等高位水源处向低位处引水，利用水的压力或者流速冲击水轮机，使之旋转，从而将水能转化为机械能，然后再由水轮机带动发电机旋转，切割磁力线产生交流电。而低位水通过水循环的阳光吸收而分布在地球各处，从而回复高位水源的水分布。

※ 水力发电示意图

◎水电能源的特性

水电能源是可以随自然界的水文循环而重复再生的，能够周而复始的供人们持续利用。人们常常会用"取之不尽、用之不竭"来生动描述水电能源的可再生性。

水电能源在生产运行的过程中，不消耗燃料，不排泄有害物质，它的管理运行费与发电成本以及对环境的影响远比火力发电低许多，是成本低廉的绿色能源。

水电能源调节性能好、启动快，在电网运行中担任着调峰的作用，快捷并且有效，在非常情况和事故情况下减少电网的供电损失，可以确保供电的安全性。

水电能源与矿物质能源同属资源性一次能源，转换为电能后称为二次能源，水电能开发是一次能源开发和二次能源生产同时完成的能源，同时拥有一次能源建设与二次能源建设的双重功能；不需要一次能源矿产开采，运输、储存过程的费用，这样就大大降低了燃料成本。

水电开发修建水库会改变局部地区的生态环境，首先需要淹没部分土地，这样会造成移民搬迁；另外，它可以修复该地区的小气候，形成新的水域生态环境，这有利于生物生存，有利于人类进行防洪、灌溉、旅游和发展航运。所以，在水电工程规划中，统筹考虑，把对生态环境的不利影响减少到最低程度，水电开发是利大于弊。

正是由于水电能源的优点，目前位置在全世界范围内都采取优先开发水电的政策。比如20世纪90年代，巴西的水电占总装机容量的93.2%，挪威、瑞士、新西兰、加拿大等国水电比重都在50%以上。

1990年世界上部分国家水电发电量占可开发电量的比率如下：法国约占74%、瑞士约占72%、日本约占66%、巴拉圭约占61%、美国约占55%、埃及约占54%、加拿大约占50%、巴西约占17.3%、印度约占11%，同期中国约占6.6%。

◎原理

利用水位落差，配合水轮发电机产生电力，也就是利用水的位能转为水轮的机械能，再以机械能推动发电机，而得到电力，这是水力发电的基本原理。科学家们根据这种水位落差的天然条件，有效的利用流力工程及机械物理等，精心搭配以达到最高的发电量，为人们提供了廉价又无污染的电力。

而低位水通过吸收阳光进行水循环分布在地球各处，然后回复高位水源。

自 1882 年，最早记载应用水力发电的地方是美国的威斯康辛州。迄今为止，水力发电的规模从第三世界乡间所用几十瓦的微小型到大城市供电用几百万瓦的都有。

◎水力发电的流程

通常情况下水力发电的流程为：河川的水经过拦水设施攫取以后，经过压力隧道、压力钢管等水路设施送至电厂，当机组须运转发电时，打开主阀（与普通家庭里的水龙头功能相似），后开启导翼（实际控制输出力量的小水门）使水冲击水轮机，水轮机转动后带动发电机旋转，发电机加入励磁后，发电机建立电压，并于断路器投入后开始将电力送至电力系统。如果要调整发电机组的出力，可以调整导翼的开度增减水量来达成，发电以后的水经由尾水路回到河道，供给下游的用水使用。

◎水力发电的优点

由此可以看出水力发电的工程投资大、建设周期长，不过水力发电效率高，发电成本低，机组启动快，调节容易。由于利用自然水流，受自然条件的影响相对比较大。水力发电往往是综合利用水资源的一个重要组成部分，与航运、养殖、灌溉、防洪和旅游组成水资源综合利用体系。

除了可以提供廉价电力外，还有还有下面几条优点：控制洪水泛滥、提供灌溉用水、改善河流航运，有关工程同时改善该地区的交通、电力供应和经济，尤其是可以发展旅游业以及水产养殖。美国田纳西河的综合发展计划，是首个大型的水利工程，带动整体的经济发展。

◎水力发电的缺陷

1. 由于地形上的限制没有办法法建造太大之容量，单机容量为 300 兆瓦左右。

2. 建厂期间长，建造费用高。

3. 建厂后不易增加容量。

4. 因设于天然河川或湖沼地带易受风水之灾害，影响其它水利事业。电力输出易受天候旱雨之影响．

5. 生态破坏：大坝以下水流侵蚀加剧，河流的变化及对动植物的影响等。

6. 下游肥沃的冲积土因冲刷而减少。

7. 需筑坝移民等，基础建设投资大。

　　建电站需要淹没广泛的上游领域的水坝，破坏了生物的多样性、有生产力的低地、沿江河谷森林、湿地和草原，水力发电站的结果是使水库引起周边地区的栖息地支离破碎和导致水土流失的恶化。

▶ 小 链 接 ·····

　　中华人民共和国成立后，随着社会主义建设事业的发展，小水电发展较快。在 50 年代，500 千瓦及以下的水电站通称为小水电。因当时工业基础薄弱，多数小水电采用简易的木制或铁制水轮机，配以由电动机改装成的发电机，通过低压线路向附近的农村提供照明，平均每年新增装机容量 1.5 万千瓦。到 60 年代，全国已有专业制造中小型水轮发电机组的工厂 10 多家，生产能力提高，平均每年新增装机容量 5.8 万千瓦。到 70 年代，小水电的单站容量扩大至 12000 千瓦，专业制造厂增至 60 余家。

　　小水电逐步联成地方小电网，进行集中调度。地方小电网的电压等级增至 35 千伏，开始向工农业生产供电，平均每年新增装机 58 万千瓦。1979 年一年新增小水电装机 112 万千瓦。到 80 年代，小型水力发电设备制造厂已有近百家，年生产能力达到 100 万千瓦。同时自动化水平也在不断提高。小水电的装机容量按国家计委规定，扩大至 25000 千瓦。一些地区开始用 110 千伏高压线路联成本地区的地方电网，实行分级管理，互通有无，调剂余缺。

　　截至 1987 年底，全国小水电共有 63254 座，装机容量 1110 万千瓦，占全国水力发电总装机容量的 1/3；1987 年发电 290 亿千瓦·小时，年利用小时为 2.744 小时，比 1980 年增加 700 小时。在小水电中，500 千瓦以上的骨干电站共有 4585 座，其装机容量占 2/3 以上，发电量占 80% 以上，在地方电网内担负着重要作用。

　　在全国小水电供电区内，拥有 10 千伏以上高压线路 68.5 万千米（其中 110 千伏输电线路 7420 千米，35 千伏线路 67476 千米），低压线路 149.3 万千米；110 千伏变电站 155 座，35 千伏变电站 3027 座，3～10 千伏配电变压器 45 万台。小水电较多的省为广东、四川、湖南、福建等省。

│拓展思考│

1. 你知道什么是水力发电吗？

2. 水力发电有哪些缺陷？

水力发电的秘密武器

Shui Li Fa Dian De Mi Mi Wu Qi

电能是现代社会最主要的能源之一。

◎水力发电的主要设备——水轮机

水轮机是把水流的能量转换为旋转机械能的动力机械，水轮机属于流体机械里面的透平机械。早在公元前百年左右，中国就已经出现了水轮机的雏形——水轮，用于提灌和驱动粮食加工器械。现代水轮机则大多数安装在水电站内，用来驱动发电机发电。在水电站中，上游水库里面的水经引

※ 水力发电

水管引向水轮机，推动水轮机转轮旋转，带动发电机发电。作完功的水则通过尾水管道排向下游。水头越高、流量越大，水轮机的输出功率也就越大。

◎水轮机的基本概念和发展史

水轮机是一种把水能转换成机械能的动力机械，在通常情况下，将这种机械能通过发电机转换为电能，所以水轮机是为水能利用和发电服务的。

水是人类在生活和生产里面能够依赖的最重要的自然资源之一，我们的祖先在很早以前就和洪水开展了斗争并学会了利用水能。公园前两千多年的大禹治水，直到今天还为人们所称颂。公元 37 年中国人发明了用水轮带动的鼓风设备－水排，公元 260－270 年中国人创造了水碾，公元 220－300 年间发明了用水轮带动的水磨，这些水力机械结构简单，制造容易。缺点是笨重、出力小、效率低。真正的大规模地对水力资源合理开发和利用，是在近代工业发展和有关发电、航运等技术发展以后。

水利资源的综合开发和利用，指的是通过修建水利枢纽工程来进行对河流水力资源在防洪、灌溉、航运、发电以及水产等发明的综合利用。

新中国成立以后我国的水电发展设备事业才有了蓬勃发展，1975年我国还只能自行设计制造7.5万千瓦的新安江水电站，到了今天我国已能自行设计制造单机容量70万千瓦的混流式水轮机发电机组及单机容量17万千瓦的轴流转桨式水轮发电机组。现在，我国的水力设备的设计、制造水平已达到世界先进水平。我国设计、制造的水力发电设备远销到美国、加拿大、菲律宾、土耳其、南斯拉夫、越南等国，受到了这些国家的欢迎。

◎水轮机分类

按照工作原理可以吧水轮机分为冲击式水轮机和反击式水轮机两大类。冲击式水轮机的转轮受到水流的冲击而旋转，工作过程中水流的压力不变，主要是动能的转换；反击式水轮机的转轮在水里面受到水流的反作用力而旋转，工作过程中水流的压力能和动能均有改变，但是主要是压力能的转换。

冲击式水轮机按照水流的流向可以分为切击式（又叫做水斗式）和斜击式两类，斜击式水轮机的结构与水斗式水轮机基本相同，只是射流方向有一个倾角，只用于小型机组。

理论分析证明，当水斗节圆处的圆周速度大约为射流速度的一半的时候，效率达到最高。这种水轮机在负荷发生变化的时候，转轮的进水速度方向不变，加之这类水轮机都用于高水头电站，水头变化相对较小，速度变化不大，所以效率受负荷变化的影响较小，效率曲线比较平缓，最高效率超过91％。

反击式水轮机可以分为四种：混流式、轴流式、斜流式和贯流式。在混流式水轮机中，水流径向进入导水机构，轴向流出转轮；在轴流式水轮机中，水流径向进入导叶，轴向进入和流出转轮；在斜流式水轮机中，水流径向进入导叶而以倾斜于主轴某一角度的方向流进转轮，或者以倾斜于主轴的方向流进导叶和转轮；在贯流式水轮机中，水流沿轴向流进导叶和转轮。轴流式、贯流式和斜流式水轮机按其结构还可分为定桨式和转桨式。定桨式的转轮叶片是固定的；转桨式的转轮叶片可以在运行中绕叶片轴转动，以适应水头和负荷的变化。

各种类型的反击式水轮机都设有进水装置，大、中型立轴反击式水轮机的进水装置通常情况下是由蜗壳、固定导叶和活动导叶组成。蜗壳的作用是把水流均匀分布到转轮周围。当水头在 40 米以下时，水轮机的蜗壳常用钢筋混凝土在现场浇注而成；水头高于 40 米的时候，则常采用拼焊或整铸的金属蜗壳。

在反击式水轮机里面，水流充满整个转轮流道，全部叶片同时受到水流的作用，所以在同样的水头下，转轮直径小于冲击式水轮机。它们的最高效率也高于冲击式水轮机，但是当负荷变化的时候，水轮机的效率受到不同程度的影响。

反击式水轮机都设有尾水管，它的作用是：回收转轮出口处水流的动能；把水流排向下游；当转轮的安装位置比下游水位高的时候，将此位能转化为压力能予以回收。对于低水头大流量的水轮机，转轮的出口动能相对较大，尾水管的回收性能对水轮机的效率有着明显的影响。

轴流式水轮机适合用在较低水头的电站，在相同水头下其比转数较混流式水轮机为高。

轴流定桨式水轮机的叶片固定在转轮体上，一般安装高度在 3～50 米，叶片安放角不能在运行中改变，结构简单，效率较低，适用于负荷变化小或可以用调整机组运行台数来适应负荷变化的电站。

轴流转桨式水轮机是 1920 年奥地利工程师卡普兰发明的，所以又被叫做卡普兰水轮机。一般安装高度在 3～80 米，其转轮叶片一般由装在转轮体内的油压接力器操作，可按水头和负荷变化作相应转动，用来保持活动导叶转角和叶片转角间的最优配合，以此来提高平均效率，这类水轮机的最高效率有的已超过 94%。典型例子就是葛洲坝。

贯流式水轮机的导叶和转轮间的水流基本上没有变向流动，加上采用直锥形尾水管，排流不必在尾水管中转弯，所以效率高，过流能力大，比转数高，特别适用于水头为 3～20 米的低水头小型河床电站。

这种水轮机装在潮汐电站内还可以实现双向发电，此水轮机有多种结构，使用最多的是灯泡式水轮机。

灯泡式机组的发电机装在水密的灯泡体内。它的转轮不仅可以设计成定桨式，同时可以设计成转桨式。这里面又可以划分为贯流式和半贯流式。世界上最大的灯泡式水轮机（转桨式半贯流）装在美国的罗克岛第二电站，水头 12.1 米，转速为 85.7 转/分，转轮直径为 7.4 米，单机功率为 54 兆瓦，于 1978 年投入运行。

世界上使用最广泛的一种水轮机是混流式水轮机，混流式水轮机是 1849 年由美国工程师弗朗西斯发明的我，所以又叫做弗朗西斯水轮机。与轴流转桨式相比，它的结构较简单，运行稳定，最高效率也比轴流式的高，但是在水头和负荷变化大的时候，平均效率比轴流转桨式的低，这类

认识我们身边的水能

水轮机的最高效率有的已超过 95％。混流式水轮机适用的水头范围很宽，为 5～700 米，但采用最多的是 40～300 米。

混流式的转轮一般用低碳钢或低合金钢铸件，或者采用铸焊结构。想要提高抗汽蚀和抗泥沙磨损性能，可以在易气蚀部位堆焊不锈钢，或者采用不锈钢叶片，有的时候也可以整个转轮采用不锈钢。采用铸焊结构能降低成本，并使流道尺寸更精确，流道表面更光滑，有利于提高水轮机的效率，还可以分别用不同材料制造叶片、上冠和下环。典型例子是我国的刘家峡。

斜流式水轮机是瑞士工程师德里亚于 1956 年发明，所以又被叫做德里亚水轮机。其叶片倾斜的装在转轮体上，随着水头和负荷的变化，转轮体内的油压接力器操作叶片绕其轴线相应转动。它的最高效率稍低于混流式水轮机，但平均效率大大高于混流式水轮机；与轴流转桨水轮机相比，抗气蚀性能相对比较好，飞逸转速较低，适合用在 40～120 米的水头。

由于斜流式水轮机结构复杂、造价高，一般只在不宜使用混流式或轴流式水轮机，或不够理想时才采用。这种水轮机还可用作可逆式水泵水轮机。当它在水泵工况启动的时候，转轮叶片可以关闭成近于封闭的圆锥，因而可以减小电动机的启动负荷。

◎水力发电的主要设备——发电机

发电机一种把其他形式的能源转换成电能的机械设备，最早产生于第二次工业革命时期，1866 年由德国工程师西门子制成，它由水轮机、汽轮机、柴油机或其他动力机械驱动，将水流，气流，燃料燃烧或原子核裂变产生的能量转化为机械能传给发电机，再由发电机转换为电能。发电机在工农业生产，国防，科技以及日常生活里都有着广泛的用途。

发电机的形式有很多中，但是他的工作原理都基于电磁感应定律和电磁力定律。其构造的一般原则是：用适当的导磁和导电材料构成互相进行电磁感应的磁路和电路，以产生电磁功率，达到能量转换的目的。

发电机的分类可归纳如下：

发电机：直流发电机、交流发电机、同步发电机、异步发电机（很少采用）。

交流发电机还可分为单相发电机与三相发电机。

◎水轮机应用

水泵水轮机主要用使在抽水蓄能电站，在电力系统负荷低于基本负荷的时候，它可以用作水泵，利用多余发电能力，从下游水库抽水到上游水库，以位能形式蓄存能量；在系统负荷高于基本负荷的时候，可用作水轮机，发出电力以调节高峰负荷。所以，纯抽水蓄能电站并不能增加电力系统的电量，但可以改善火力发电机组的运行经济性，提高电力系统的总效率。20 世纪 50 年代以来，抽水蓄能机组在世界各国受到普遍重视并获得迅速发展。

早期发展的或者水头很高的抽水蓄能机组大多采用三机式，分别是发电电动机、水轮机和水泵串联组成。它的优点是水轮机和水泵分别设计，可各自具有较高效率，而且发电和抽水的时候机组的旋转方向相同，可以迅速从发电转换为抽水，或者从抽水转换成发电。同时，可以利用水轮机来启动机组。它的不足之处是造价高，电站投资大。

斜流式水泵水轮机转轮的叶片可以转动，在水头和负荷变化的时候仍然有良好的运行性能，但是受到水力特性和材料强度的限制，到 80 年代初，它的最高水头只用到 136.2 米（日本的高根第一电站）。对于更高的水头，则需要采用混流式水泵水轮机。抽水蓄能电站设有上、下两个水库。在蓄存相同能量的条件下，提高扬程可以缩小库容、提高机组转速、降低工程造价。因此，300 米以上的高水头蓄能电站发展很快。世界上水头最高的混流式水泵水轮机装于南斯拉夫的巴伊纳巴什塔电站，其单机功率在 315 兆瓦，水轮机水头为 600.3 米；水泵扬程为 623.1 米，转速为 428.6 转/分，在 1977 年的时候投入运行。

20 世纪以来，水电机组一直向高参数、大容量方向发展。随着电力系统里面火电容量的增加和核电的发展，为了解决合理调峰问题，世界各国除了在主要水系大力开发或者扩建大型电站外，正在积极兴建抽水蓄能电站，水泵水轮机因而得到迅速发展。

为了充分利用各种水力资源，潮汐、落差很低的平原河流甚至波浪等也引起普遍重视，从而使贯流式水轮机和其他小型机组迅速发展。

主要工作参数

1. 水头 H（米）

连续水流两断面间单位能量的差值称为水头。水头是水轮机的一个重要参数，它的大小直接影响着水轮机出力的大小和水轮机型式的选择。

2. 出力

单位时间内流经水轮机的水流所具有的能量，称为通过水轮机的"水流的出力"，用 Np^0 表示。$Np^0 = 9.81QH$（千瓦）。

3. 流量

单位时间内流经水轮机的水量（体积）称为水轮机的流量，用 Q 表示。通常用米 m~3/s 为单位。

4. 转速

水轮机主轴在单位时间内的旋转次数，称为水轮机的转速，用 n 表示，通常采用"转/分"作单位。

5. 效率

水轮机的出力 N 通过水轮机水流的出力 Np^0 之比，称为水轮机的效率，用 η 表示。显然效率是表面水轮机对水流能量的有效利用程度，是一个无量纲的物理量，用百分数（%）表示。

◎发电机的工作原理

发电机主要由定子、转子、端盖，电刷，机座以及轴承等部件构成。

定子由机座、定子铁芯、线包绕组和固定这些部分的其他结构件组成。

转子是由转子铁芯、转子磁极（有磁扼、磁极绕组）、滑环、（又称铜环、集电环）、风扇及转轴等部件组成。

通过轴承、机座及端盖将发电机的定子，转子连接组装起来，使转子能够在定子里面旋转，通过滑环通入一定励磁电流，使转子形成一个旋转磁场，定子线圈做切割磁力线的运动，从而产生感应电势，通过接线端子引出，接在回路中，这样就产生了电流。由于电刷与转子相连处有断路处，使转子按一定方向转动，产生交变电流所以家庭电路等电路中是交变电流，简称交流电。我国电网输出电流的频率是 50 赫兹。

汽轮发电机与汽轮机配套的发电机。为了得到较高的效率，汽轮机一般做成高速的，一般情况下为 3000 转/分（频率为 50 赫）或 3600 转/分（频率为 60 赫）。核电站中汽轮机转速较低，但也在 1500 转/分以上。高速汽轮发电机为了减少因离心力而产生的机械应力以及降低风耗，转子的直径通常情况下做得比较小，但是长度比较大，也就是采用细长的转子。尤其是在 3000 转/分以上的大容量高速机组，由于材料强度的关系，转子直径受到严格的限制，一般不能超过 1.2 米。而转子本体的长度又受到临界速度的限制。当本体长度达到直径的 6 倍以上时，转子的第二临界速度将接近于电机的运转速度，运行中可能发生较大的振动。所以大型高速汽轮发电机转子的尺寸受到严格的限制。10 万千瓦左右的空冷电机其转子尺寸已达到上述的极限尺寸，要再增大电机容量，只有靠增加电机的电磁负荷来实现。正因为如此必须加强电机的冷却。所以 5~10 万千瓦以上的汽轮发电机都采用了冷却效果较好的氢冷或水冷技术。70 年代以来，汽轮发电机的最大容量已达到 130～150 万千瓦。从 1986 年以来，在高临界温度超导电材料研究方面取得了重大突破。超导技术可望在汽轮发电机中得到应用，这将在汽轮发电机发展史上产生一个新的飞跃。

▶ 小 链 接

·水轮机的历史发展·

早期的冲击式水轮机的水流在冲击叶片时，动能损失很大，效率不高。1889 年，美国工程师佩尔顿发明了水斗式水轮机，它有流线型的收缩喷嘴，能把水流能量高效率地转变为高速射流的动能。20 世纪 80 年代初，世界上单机功率最大的水斗式水轮机装于挪威的悉·西马电站，其单机容量为 315 兆瓦，水头 885 米，转速为 300 转/分，于 1980 年投入运行。水头最高的水斗式水轮机装于奥地利的赖瑟克山电站，其单机功率为 22.8 兆瓦，转速 750 转/分，水头达 1763.5 米，1959 年投入运行。

80 年代，世界上尺寸最大的转桨式水轮机是中国东方电机厂制造的，装在中国长江中游的葛洲坝电站，其单机功率为 170 兆瓦，水头为 18.6 米，转速为 54.6 转/分，转轮直径为 11.3 米，于 1981 年投入运行。世界上水头最高的转桨式水轮机装在意大利的那姆比亚电站，其水头为 88.4 米，单机功率为 13.5 兆瓦，转速为 375 转/分，于 1959 年投入运行。

世界上水头最高的混流式水轮机装于奥地利的罗斯亥克电站，其水头为 672 米，单机功率为 58.4 兆瓦，于 1967 年投入运行。功率和尺寸最大的混流式水轮机装于美国的大古力第三电站，其单机功率为 700 兆瓦，转轮直径约 9.75 米，水头为 87 米，转速为 85.7 转/分，于 1978 年投入运行。

世界上最大的混流式水泵水轮机装于联邦德国的不来梅蓄能电站。其水轮机水头 237.5 米，发电机功率 660 兆瓦，转速 125 转/分；水泵扬程 247.3 米，电动机功率 700 兆瓦，转速 125 转/分。

世界上容量最大的斜流式水轮机是在苏联装的洁雅电站，单机功率为 215 兆瓦，水头为 78.5 米。

▌拓展思考▐

1. 为什么要使用水利来发电？
2. 水力发电有什么优点？
3. 水力发电需要哪些基础条件？

认识我们身边的水能

水力发电的发展史

Shui Li Fa Dian De Fa Zhan Shi

※ 法国水电站

水力发电系（Hydroelectricpower）利用河流、湖泊等位于高处具有位能的水流到达低处，把里面所包含的位能转换成水轮机之动能，再藉水轮机为原动力，推动发电机产生电能。利用水力（具有水头）推动水力机械（水轮机）转动，将水能转变为机械能，如果在水轮机上接上另一种机械（发电机）随着水轮机转动便可发出电来，这时机械能又会转变成电能。水力发电从某方面来看是水的位能转变成机械能，再转变成电能的过程。因水力发电厂所发出的电力电压较低，要输送给距离较远的用户，就必须使电压经过变压器增高，再由空架输电线路输送到用户集中区的变电所，最后降低为适合家庭用户、工厂用电设备的电压，并且由配电线输送到各个工厂以及家庭。

世界上的水力发电是从小水电站开始的，很多欧美国家从 19 世纪就开始了对小水电站的建设。法国在 1878 年建成了世界上第一座水电站，美洲最早的水电站建于美国威斯康星州，于 1882 年 9 月开始发电，装机容量 25 千瓦。

20 世纪 30 年代，因为大中型水电站和电力事业的发展，很大一部分国家出现了关闭小水电站或者缩减小水电站数量和装机容量的现象。美国从 1930～1970 年关闭了 3000 座小水电站。法国从 1963～1975 年小水电站的发电量减少了 78％。在 1960 年以后，苏联的小水电站的座数和装机容量都在下降。

一直到 70 年代后期，由于世界性石油价格上涨，能源危机的出现，许多西方国家对小水电重新关注，开展了一系列勘测设计和科学研究工作。美国对已经关闭的 3000 座小水电站进行了调查和登记，并对近 5 万座未设水电站的大坝进行了研究。这些坝如全部建设水电站，总装机容量可以到达 1 亿千瓦，其中 1600 万千瓦属于小水电站。

70 年代以后，世界各国的小水电都有不同程度的发展。1977 年法国有 978 座容量小于 10000 千瓦的小水电站，总装机容量为 49 万千瓦，年发电量达到了 18 亿千瓦·小时；瑞典有小水电站 1050 座，装机 1350 台，容量 55 万千瓦，年发电量 20 亿千瓦·小时；日本有小水电站 1350 座，装机容量 700 万千瓦，占全国电力总装机容量的 6%。

法国于 1878 年建成世界上第一座水电站。美洲第一座水电站建于美国威斯康星州阿普尔顿的福克斯河上，由一台水车带动两台直流发电机组成，装机容量 25 千瓦，在 1882 年的 9 月 30 日开始发电。欧洲第一座商业性水电站是意大利的特沃利水电站，建成在 1885 年，装机 65 千瓦。19 世纪 90 年代起，水力发电在北美、欧洲许多国家受到重视，利用山区湍急河流、跌水、瀑布等优良地形位置修建了一批数十至数千千瓦的水电站。美国与加拿大边境的尼亚加拉瀑布处于 1895 年建造了一座大型水轮机驱动的 3750 千瓦水电站。进入 20 世纪以后由于长距离输电技术的发展，使得边远地区的水力资源得到了逐步得开发和利用，并且向城市以及用电中心供电。30 年代起水电建设的速度和规模有了更快和更大的发展，由于筑坝、机械、电气等科学技术的进步，已经能够在十分复杂的自然条件下修各种类型和不同规模的水力发电工程。全世界可开发的水力资源约为 22.61 亿千瓦，分布不均匀，各国开发的程度亦各异。世界上已经建设的最大的水电站是位于巴西和巴拉圭两国界河巴拉那河上的伊泰普水电站，装机容量 1260 万千瓦，世界上单机容量最大的水轮发电机组已达 70 万千瓦，安装在美国的大古力水电站和伊泰普水电站内。

中国是世界上水力资源最为丰富的一个国家，有量约为 3.78 亿千瓦可以发展。而中国的大陆上第一座水电站为建于云南省螳螂川上的石龙坝水电站，始建于 1910 年 7 月，1912 年发电，当时装机 480 千瓦，以后又分期改建、扩建，最终达 6000 千瓦。1949 年中华人民共和国成立前，全国建成和部分建成水电站共 42 座，共装机 36 万千瓦，该年发电量 12 亿千瓦·小时（不包括台湾）。1950 年以后水电建设有了较大发展，以单座水电站装机 25 万千瓦以上为大型，2.5 万～25 万千瓦之间为中型，2.5 万千瓦以下为小型，大、中、小并举，建设了一批大型骨干水电站。这里面最大的是在长江上的三峡大坝。在一些河流上建设了一大批中型水电站，其中有一些还串联为梯级，比如辽宁浑江三个梯级共 45.55 万千瓦，云南以礼河四个梯级共 32.15 万千瓦，福建古田溪四个梯级共 25.9 万千瓦等。此外在一些中小河流和溪沟上修建了一大批小型水电站。截至 1987 年底，全国水电装机容量共 3019 万千瓦（不含 500 千瓦以下小水电站），小水电站总装机 1110 万千瓦（含 500 千瓦以下小水电站，见小水电）。2010 年 8 月 25 日，云南省有史以来单项投资最大的工程项目——华能小湾水电站四号机组（装机 70 万千瓦）正式投产发电，成为中国水电装机突破 2 亿千瓦标志性机组，我国水力发电总装机容量由此跃居世界第一。

◎展望

在一些水力资源比较丰富并且开发程度较低的国家，我国也是其中之一，今后在电力建设中将因地制宜地优先发展水电。在水力资源开发利用程度已经较高或者水力资源贫乏的国家和地区，已经有水电站的扩建和改造势在必行，配合核电站建设所兴建的抽水蓄能电站将会增多。在中国除了有重点地建设大型骨干电站以外，中、小型水电站由于建设周期短、见效快、对环境影响小，将会进一步受到重视。随着电价体制的改革，当可以更恰当地体现和评价水力发电的经济效益，有利于吸收投资，加快水电建设。在水电建设前期工作中，新型勘测技术如遥感、遥测、物探以及计算机、计算机辅助设计等将获得发展和普及；对于洪水、泥沙、水库移民、环境保护等问题将进行更加妥善的处理；水电站的自动化、远动化等也将进一步完善推广；发展远距离、超高压、超导材料等输电技术，将会有利于加速中国西部丰富的水力资源开发，并且向东部沿海地区送电。

◎技术

研究把水能转换为电能的工程建设和生产运行等技术经济问题的科学技术。水力发电利用的水能主要是蕴藏在水体里面的位能。为实现将水能转换为电能，就需要兴建不同类型的水电站。它是由一系列建筑物和设备组成的工程措施。建筑物主要用来集中天然水流的落差，形成水头，并且以水库汇集、调节天然水流的流量；基本设备是水轮发电机组。当水流通过水电站引水建筑物进入水轮机的时候，水轮机受水流推动而转动，使水能转化为机械能；水轮机带动发电机发电，机械能转换为电能，再经过变电和输配电设备将电力送到用户。水能为自然界的再生性能源，随着水文循环周而复始，重复再生。水能与矿物燃料同属于资源性一次能源，转换为电能以后称为二次能源。水力发电建设则是将一次能源开发和二次能源生产同时完成的电力建设，在运行中不消耗燃料，运行管理费和发电成本远比燃煤电站低。水力发电在水能转化为电能的过程中不发生化学变化，不排泄有害物质，对环境影响较小，所以说水力发电所获得的是一种清洁的能源。

◎研究内容

世界上已经建设的绝大多数水电站都属于利用河川天然落差和流量而修建的常规水电站。这种水电站按照对天然水流的利用方式和调节能力分为径流式和蓄水式两种；按开发方式又可分为坝式水电站、引水式水电站和坝－引水混合式水电站。抽水蓄能电站是 20 世纪 60 年代以来发展较快的一种水电站。而由于潮汐电站的造价昂贵，所以还没有大规模开发利用。其他形式的水力发电，比如利用波浪能发电尚处于试验研究阶段。

为了实现不同类型的水和电的开发，需要使用水文、地质、水工建筑物、水力机械、电器装置、水利勘测、水利规划、水利工程施工、水利管理、水利经济学和电网运行等方面的知识，对下列方面进行研究。

◎规划

水力发电是水资源综合开发、治理、利用系统里面的一个组成部分。所以，在进行水电工程规划的时候要从水资源的充分利用和河流的全面规划综合考虑发电、防洪、灌溉、通航、漂木、供水、水产养殖、旅游等各方面的需要，统筹兼顾，尽可能的充分满足各个关方面的要求，最终取得最大的国民经济效益。水力资源也是电力能源之一，进行电力规划时，也要根据能源条件统一规划。在水力资源比较充沛的地区，宜优先开发水电，充分利用再生性能源，这样可以节约宝贵的煤炭、石油等资源。水力发电和火力发电是当今两种主要发电方式，在同时具备这两种方式的电力系统里面，应该发挥各自的特性，以取得系统最佳经济效益。一般火力发电宜承担电力系统负荷平稳部分（也叫做基荷部分），使其尽量在高效工况下运行，可节省系统燃料消耗，有利安全、经济运行；水力发电由于开机、停机比较灵活，宜于承担电力系统的负荷变动部分，包括尖峰负荷及事故备用等。水力发电亦适宜为电力系统担任调频和调相等任务。

◎建筑物

水电站建筑物包括：为形成水库需要的挡水建筑物，如坝、水闸等；为发电取水的进水口；排泄多余水量的泄水建筑物，如溢洪道、溢流坝、泄水孔等；为平稳引水建筑物的流量和压力变化而设置的水平建筑物（见调压室、前池）以及水电站厂房、尾水道、水电站升压开关站等；由进水

认识我们身边的水能

口至水轮机的水电站引水建筑物。对这些建筑物的性能、适用条件、结构和构造的形式、设计、计算和施工技术等都要进行细致研究。

◎设备

水轮机和水轮发电机是基本设备，为了保证安全经济的运行，在厂房里面还配置有相应的机械、电气设备，如水轮机调速器、油压装置、励磁设备、低压开关、自动化操作和保护系统等。在水电站升压开关站内主要设升压变压器、高压配电开关装置、互感器、避雷器等用来接受和分配电能。通过输电线路及降压变电站将电能最终送至用户。这些设备要求经济适用，安全可靠，效率高。所以，对于设计和施工、安装都要精心研究。

运行管理水电站运行除自身条件如水道参数、水库特性外，与电网调度有密切联系，应尽量使水电站水库保持较高水位，减少弃水，使水电站的发电量最大或者电力系统燃料消耗最少以求得电网经济效益最高为目标。对有防洪或者其他用水任务的水电站水库，还应该进行防洪调度以及按时供水等，合理安排防洪和兴利库容，综合满足有关部门的基本要求，建立水库最优运行方式。当电网中有一群水库时，要充分考虑水库群的相互补偿效益。

◎效益评价

水力发电向电网以及用户供电所取得的财务收入为它的直接经济效益，但是还有非财务收入的间接效益和社会效益。欧美有一些国家实行多种电价制，也就是分别一天不同时间、一年不同季节计算电能电价，在发生事故的情况下紧急供电的不同电价，按千瓦容量收取费用的电价等。长期以来中国实行按电量计费的单一电价，但水力发电除发出电能外还能承担电网的调峰、调频、调相、事故（旋转）备用，带来整个电网运行的经济效益；水电站水库除提供发电用水外，并发挥综合利用效益。因此在进行水力发电建设的时候，须从国民经济全局考虑，阐明经济效益，进行国民经济评价。

▶小链接

·水电厂的特点·

1. 能源的再生性：由于水流按照一定的水文周期不断循环，从不间断，因此水力资源是一种再生能源。所以水力发电的能源供应只有丰水年份和枯水年份的差别，而不会出现能源枯竭问题。但当遇到特别的枯水年份，水电站的正常供电可能会因能源供应不足而遭到破坏，出力大为降低。

2. 发电成本低：水力发电只是利用水流所携带的能量，无需再消耗其他动力资源。而且上一级电站使用过的水流仍可为下一级电站利用。另外，由于水电站的设备比较简单，其检修、维护费用也较同容量的火电厂低得多。如计及燃料消耗在内，火电厂的年运行费用约为同容量水电站的10~15倍。因此水力发电的成本较低，可以提供廉价的电能。

3. 高效而灵活：水力发电主要动力设备的水轮发电机组，不仅效率较高而且启动、操作灵活。它可以在几分钟内从静止状态迅速启动投入运行；在几秒钟内完成增减负荷的任务，适应电力负荷变化的需要，而且不会造成能源损失。因此，利用水电承担电力系统的调峰、调频、负荷备用和事故备用等任务，可以提高整个系统的经济效益。

4. 工程效益的综合性：由于筑坝拦水形成了水面辽阔的人工湖泊，控制了水流，因此兴建水电站一般都兼有防洪、灌溉、航运、给水以及旅游等多种效益。另一方面，建设水电站后，也可能出现泥沙淤积，淹没良田、森林和古迹等文化设施，库区附近可能造成疾病传染，建设大坝还可能影响鱼类的生活和繁衍，库区周围地下水位大大提高会对其边缘的果树、作物生长产生不良影响。大型水电站建设还可能影响流域的气候，导致干旱或洪水。特别是大型水库有诱发地震的可能。因此在地震活动地区兴建大型水电站必须对坝体、坝肩及两岸岩石的抗震能力进行研究和模拟试验，予以充分论证。这些都是水电开发所要研究的问题。

5. 一次性投资大：兴建水电站土石方和混凝土工程巨大，而且会造成相当大的淹没损失，须支付巨额移民安置费用，工期也较火电厂建设为长，影响建设资金周转。即使由各受益部门分摊水利工程的部分投资，水电的单位千瓦投资也比火电高出很多。但在以后运行中，年运行费的节省逐年抵偿。最大允许抵偿年限与国家的发展水平和能源政策有关。抵偿年限小于允许值则认为增加水电站的装机容量是合理的。

拓展思考

1. 水力发电是从何时开始的？
2. 实际上第一个水电站是哪个国家建立的？
3. 水电站按照装机容量可以分为哪几种？

132

了解水电站的构造

Liao Jie Shui Dian Zhan De Gou Zao

水能转换为电能的综合工程设施，又叫做水电厂。它包括为利用水能生产电能而兴建的一系列水电站建筑物以及装设的各种水电站设备。利用这些建筑物集中天然水流的落差形成水头，汇集、调节天然水流的流量，并且将它输向水轮机，经水轮机与发电机的联合运转，将集中的水能转换为电能，再经变压器、开关站和输电线路等将电能输入电网。有些水电站除发电所需的建筑物外，还经常会有为了防洪、灌溉、航运、过木、过鱼等综合利用目的服务的其他建筑物，这些建筑物的综合体称水电站枢纽或水利枢纽。

◎组成建筑物

水电站枢纽的组成建筑物有以下几种：

（一）泄水建筑物

用以宣泄洪水或防空水库的建筑物，如开敞式河岸溢洪道、溢流坝、泄洪洞及放水底孔等。

（二）进水建筑物

从河道或水库按发电要求引进发电流量的引水道首部建筑物。如有压、无压进水口等。

（三）挡水建筑物

用以截断水流，集中落差，形成水库的拦河坝、闸或河床式水电站的水电站的长房等水工建筑物。如混凝土重力坝、拱坝、土石坝、堆石坝及拦河闸等。

（四）引水建筑物

向水电站输送发电流量的明渠及其渠系建筑物、压力隧洞、压力管道等建筑物。

（五）平水建筑物

在水电站负荷变化时用以平稳引水建筑物中流量和压力的变化，保证水电站调节稳定的建筑物。对有压引水式水电站为调压井或调压塔；对无压引水式电站为渠道末端的压力前池。

（六）厂房枢纽建筑物

水电站厂房枢纽建筑物主要指的是水电站的主厂房、副厂房、变压器场、高压开关站、交通道路及尾水渠等建筑物。这些建筑物通常情况下集中布置在同一局部区域形成厂区。厂区是发电、变电、配电、送电的中心，是电能生产的中枢。

◎历史

法国于 1878 年建成世界第一座水电站，20 世纪 30 年代后，水电站的数量和装机容量都有很大的发展。80 年代末，世界上一些工业发达国家，如瑞士和法国的水能资源已经几近全部开发。20 世纪世界装机容量最大的水电站是巴西和巴拉圭合建的伊泰普水电站，装机 1260 万千瓦。世界第一座抽水蓄能电站是瑞士于 1879 年建成的勒顿抽水蓄能电站，世界装机容量最大的抽水蓄能电站是 1985 年投产的美国巴斯康蒂抽水蓄能电站。世界上第一座潮汐电站在 1913 年建在德国北海之滨，最大的潮汐电站是法国建于圣玛珞湾的朗斯潮汐电站，装机 24 万千瓦。世界上第一座大型波能发电站则是日本在 1978 年建成的海明号波浪发电试验船，中国的大陆上最早建成的水电站是 1912 年建于云南省昆明市郊的石龙坝水电站，电站一厂于 1910 年 7 月开工，1912 年 4 月发电，最初装机容量为 480 千瓦。中国 1988 年竣工的湖北葛洲坝水利枢纽，装机 271.5 万千瓦。中国 1986 年在浙江省建成试验性的江厦潮汐电站，装机 3200 千瓦。中国的广州抽水蓄能电站，一期工程装机 120 万千瓦，计划在 90 年代完工。1994 年已开工兴建的三峡水利枢纽建成后，装机容量为 1786 万千瓦，迄今为止已经成为了世界上最大的水电站。

◎水电厂的种类

按照水源的性质，可以分为：常规水电站，也就是利用天然河流、湖泊等水源发电。

按集中落差的方式分类，有：混合式水电厂，引水式水电厂，堤坝式水电厂，潮汐水电厂和抽水蓄能电厂。

按照抽水蓄能电站，利用电网负荷低谷时多余的电力，将低处下水库的水抽到高处上存蓄，待电网负荷高峰时放水发电，尾水收集于下水库。

按径流调节的程度分类可以分为：有调节水电厂和无调节水电厂。

按照水源的性质，一般称为常规水电站，也就是利用天然河流、湖泊等水源发电。

认识我们身边的水能

按照水电站利用水头的大小，可分为高水头（70米以上）、中水头（15～70米）和低水头（低于15米）水电站。

　　按照水电站的开发水头手段，可以分为：坝式水电站、引水式水电站和混合式水电站三种基本类型。

　　按照水电站装机容量的大小，可以分为小型、大型还有中型水电站。各个国家一般把装机容量5000千瓦以下的水电站定为小水电站，5000千瓦～10万千瓦为中型水电站，10万～100万千瓦为大型水电站，超过100万千瓦的为巨型水电站。中国规定将水电站分为五等，其中：装机容量大于75万千瓦为一等（大型水电站），25万～75万千瓦为二等（大型水电站），2.5万～25万千瓦为三等（中型水电站），0.05万～2.5万千瓦为四等（小型水电站），小于0.05万千瓦为五等（小型水电站）；但是在统计上通常把1.2万千瓦以下作为小水电站。

▶ **小链接**

·建筑物特点·

　　通常用坝拦蓄水流、抬高水位形成水库，并溢洪道、修建溢流坝、泄水孔、泄洪洞等泄水建筑物宣泄多余洪水。水电站引水建筑物可采用渠道、隧洞或压力钢管，其首部建筑物称进水口。水电站厂房分为主厂房和副厂房，主厂房包括安装水轮发电机组或者抽水蓄能机组和各种辅助设备的主机室，还有组装、检修设备的装配场。副厂房包括水电站的运行、控制、试验、管理和操作人员工作、生活的用房。引水建筑物将水流导入水轮机，经水轮机和尾水道至下游。当有压引水道或有压尾水道较长时，为减小水击压力常修建调压室。而在无压引水道末端与发电压力水管进口的连接处常修建前池。为了将电厂生产的电能输入电网还要修建升压开关站。此外，尚需兴建辅助性生产建筑设施及管理和生活用建筑。

◎机电设备

　　把水能转变成电能的机电设备叫做水电站动力设备，其在常规水电站和潮汐电站为水轮机和水轮发电机组成的水轮发电机组，以及附属的调速器、油压装置、励磁设备等。抽水蓄能电站的动力设备为由水泵水轮机和水轮发电电动机组成的抽水蓄能机组以及它的附属电气、机械设备。水电站的电气装置除水轮发电机及其附属设备外，还包括发电机电压配电设备、高压配电装置、升压变压器和控制、监视、测量、信号和保护性电气设备等。

水电站的总装机容量 P 由下式计算：

$P=9.81QH\eta$

式中 Q——通过水轮机的水流量，立方米／秒；

　　　H——水电站的水头，米；

　　　η——水电站的总效率，一般为 0.85～0.86。

◎原理

将水能转换成电能的综合工程设施一般包括由挡水、泄水建筑物形成的水库和水电站引水系统、发电厂房、机电设备等。水库的高水位水经引水系统流入厂房推动水轮发电机组发出电能，再经升压变压器、开关站和输电线路输入电网。

◎展望

未来在水力资源丰富而又未充分开发的国家，我国就是其中之一，常规水电站的建设将稳步增长。大型电站的机组单机容量将向巨型化发展。与此同时，随着经济发展和能源日益紧张，小水电将受到各国的重视。由于电网调峰、调频、调相的需要，抽水蓄能电站将有较快的发展。而潮汐电站和波浪能电站的建设由于受建站条件及造价等因素制约，在近期内不会有大幅度的增长。各类电站的远动化和自动化将会得到进一步完善和推广。

◎运行

运行的原则是要在经济合理地利用水力资源、保证电能质量的基础上，全面实现安全、经济、多供、满发的要求。水电站在电力系统中担任调频、调峰、调相、备用等任务。一般在洪水期间应当的充分利用水量，使全部机组投入运行，实现满发、多供，承担电力系统基荷；在水库供水期间运行时，应尽量利用水头，承担电力系统的腰荷和尖峰负荷，充分利用可调出力，起到系统的调频、调峰和事故备用的作用。

水电站运行的时候，会受到不同河流之间补偿调节的影响；同一河流梯级开发的时候径流调节的影响；以及电力系统中，火电厂、水电站之间电力补偿的影响。在选择运行方式时，必须考虑这些因素。

水电站运行包括正常运行、特殊运行、异常运行和经济运行。要使水电站正常运行，需注意电站的检修。

认识我们身边的水能

◎正常运行

可由自动和手动实现开机、停机，并由远方通过功率给定装置实现机组带负荷。运行中要注意：

1. 机组冷却风温变化对运行的影响；
2. 电力系统频率变化对机组运行的影响；
3. 电力系统电压变化对机组运行的影响；
4. 功率因数变化对机组运行的影响。

◎特殊和异常运行

特殊运行包括两种，分别是调相运行和进相运行。前者指发电机在运行中功率因数发生变化并降至零时，电力系统需要补充无功功率，以调整系统的电压值回复到允许水平。这时候，水电站的发电机需降低有功功率作调相运行。一般情况下采用压水调相，也就是向水轮发电机的转轮室通入压缩空气以降低转轮室水位。进相运行是电力系统低负荷运行时，容性无功容量过剩，就人为造成发电机从电力系统吸收无功功率，以降低系统某些点的过高的电压。异常运行指电站机组运行中出现异常或事故，这时候应该采取紧急措施，尽量避免事故扩大，并且减少事故对系统的影响。

◎经济运行

原则是根据电力系统对水电站分配的负荷，合理选择机组的运行台数和机组间负荷的经济分配，用较少的水，发出尽可能多的电。主要措施是实行水库的合理调度，保持水电站于高水位运行。除此以外，在一定负荷下，合理选择开机台数，控制机组在高效率区运行等也是有效措施。

◎水电站建筑物

水电站中拦蓄河水，抬高水头，装设机电设备以及将水引经水轮发电机组发电的一系列建筑物的总称。水电站建筑物有①挡水建筑物：用于拦蓄河水，集中落差，形成水库，比如坝、水闸等；②泄水建筑物：用于下泄多余的洪水，或者放水这样可以降低水库水位，比如溢洪道、泄水孔等；③水电站进水口：将发电用水引入引水道；④水电站引水建筑物：将已引入的发电用水输送给水轮发电机组，如渠道、隧洞和压力水管等；⑤发电、变电和配电建筑物：包括安装水轮发电机组及其控制设备的水电站厂房、安放变压器及高压开关等设备的水电站升压开关站；⑥尾水道：通过它将发电后的尾水自机组排向下游；⑦平水建筑物：当水电站负荷变化时，用于平稳引水道中流量及压力的变化，如前池、调压室等；⑧为水电站的运行管理而设置的必要的辅助性生产、管理及生活建筑设施。

在多目标开发的综合利用水利工程中，坝、水闸等挡水建筑物以及溢洪道、泄水孔等泄水建筑物为共用的水工建筑物。有的时候也只将从水电站进水口起到水电站厂房、水电站升压开关站等专供水电站发电使用的建筑物称为水电站建筑物。

◎水工建筑物——大坝

水利枢纽——为开发利用河流水力资源在河道上采取工程措施按时国家相关规范修筑的控制和支配水流的水工式建筑物同时把它布置在合理的位置上互相配合与协调工作从而实现水力水利任务所组成的一个有机综合体。包括挡水建筑物泄水建筑物等。

大坝——挡水建筑物的代表形式就叫坝。坝可以分为土坝重力坝混凝土面板堆石坝拱坝等。

堤坝式水电站里面的主要壅水建筑物。又叫做拦河坝。它的作用是抬高河流水位，形成上游调节水库。坝的高度取决于枢纽地形、地质条件，淹没范围，人口迁移，上、下游梯级水电站的关系以及动能指标等。截至1989 年，中国的大陆上水电站最高的大坝的高度达到了 178 米，世界上最高的大坝的高度为 325 米（土石坝）。大坝的安全极其重要，所以已改加强对大坝安全的监测。建坝过程中及建坝后，对周围环境的影响也应充分考虑。

◎分类介绍

大坝可以分为两种，分别是混凝土坝和土石坝两大类。大坝的类型根据坝址的自然条件、建筑材料、施工场地、导流、工期、造价等综合比较选定。

混凝土坝

分为拱坝、重力坝和支墩坝三种类型。

①拱坝：为一空间壳体结构，平面上呈拱形，凸向上游，利用拱的作用将所承受的水平载荷变为轴向压力传至两岸基岩，两岸拱座支撑坝体，保持坝体稳定。拱坝具有较高的超载能力。拱坝对地基和两岸岩石要求较高，施工上亦较重力坝难度大。在两岸岩基坚硬完整的狭窄河谷坝址特别

认识我们身边的水能

适于建造拱坝。一般把坝底厚度 T 与最大坝高 H 的比值（T/H）小于 0.1 的称为薄拱坝；在 0.1～0.3 间的称为拱坝；在 0.4～0.6 间的称为重力拱坝。若 T/H 值更大时，拱的作用已很小，即近于重力坝。

②重力坝：依靠坝体自重与基础间产生的摩擦力来承受水的推力而维持稳定。

重力坝的优点是结构简单，施工较容易，耐久性好，适宜于在岩基上进行高坝建筑，便于设置泄水建筑物。但重力坝体积大，水泥用量多，材料强度未能充分利用。

③支墩坝：由倾斜的盖面和支墩组成。支墩支撑着盖面，水压力由盖面传给支墩，再由支墩传给地基。支墩坝是最经济可靠的坝型之一，与重力坝相比它具有造价低、体积小、适应地基的能力相对较强等优点。按盖面形式，支墩坝主要可以分为三种：盖面由支墩上游端加厚形成的称为大头坝；盖面为平板状的称为平板坝；盖面为拱形的称为连拱坝。支墩坝一般为混凝土或钢筋混凝土结构。和重力坝比较，支墩坝具有如下特点：上游盖面常做成倾斜状，盖面上水重可帮助稳定坝体；支墩坝构件单薄，内部应力均匀，能充分发挥材料的强度；支墩的侧向刚度较小，设计的时候应对侧向地震时支墩的工作条件进行验算；支墩坝对地基条件的要求较重力坝高。

土石坝

土石坝包括土石混合、堆石坝、土坝坝等，又统称为当地材料坝。它具有就地取材、节约水泥、对坝址地基条件要求较低等优点。一般当地材料坝由坝体、防渗体、排水体、护坡四部分组成。

①坝体：坝的主要组成部分。坝体在水压力与自重作用下主要靠坝体自重维持稳定。

②防渗体：主要作用是减少自上游向下游的渗透水量，一般有心墙、斜墙、铺盖等。

③排水体：主要作用是引走由上游渗向下游的渗透水，增强下游护坡的稳定性。

④护坡：防止波浪、冰层、温度变化和雨水径流等对坝体的破坏。

拓展思考

1. 你知道水电的大致构造吗？
2. 大坝有什么作用？

了解中国的小水电

Liao Jie Zhong Guo De Xiao Shui Dian

目前的小水电技术是已经得到充分验证的成熟技术。电站的建造并不复杂，建造所需要的工艺也比较简单，并且可以大量地利用当地的劳动力和材料。除此之外，水电站建造周期短。各种现有的并已经过实践验证的电站设计方案，无论是建造方面的，还是运行方面的，均可广泛适用于各地的不同

※ 中国三峡水电站

的条件。小水电站运行方式多种多样，不只可以是简单的人工操作，同时也可以是全自动的计算机化控制。

小水电装机容量规模因各国国情而异，例如美国的小水电定为装机容量 15000 千瓦及以下，日本、挪威为 10000 千瓦及以下，土耳其为 5000 千瓦及以下。1980 年 10 月 17 日至 11 月 8 日在中国杭州和菲律宾马尼拉召开的第二次国际小水电技术发展与应用考察研究讨论会，建议对小水电的规模作出了以下定义：小水电站为 1001～12000 千瓦，小小水电站为 101～1000 千瓦，微型水电站为 100 千瓦及以下。

中国的小水电在现阶段是指由地方、集体或者个人集资兴办与经营管理的，装机容量 25000 千瓦及以下的水电站和配套的地方供电电网。

中国在 1986 年规定，单站容量 25000 千瓦以下的水电站均可按小水电政策建设和管理。中国小水电资源丰富，共有 15 亿千瓦，它的可开发资源有 7000 万千瓦。中国的小水电建设成绩是世界之冠。

1991 年末有小型水电站 54660 座，装机容量为 1385.3 万千瓦，年发电量 373.27 亿千瓦·时。

1991 年全国建有小水电的县总共 1628 个，占县级行政区划总数的 68%。全国主要由小水电供电的乡镇有 2 万个，占乡镇总数的 36%。

从资源的分布来看，由于长江以南的雨量充沛，河流陡峻，水力资源丰富，是开发小水电的重点地区。黄河与长江之间，小水电资源主要在大别山区、伏牛山区、秦岭南北、甘肃南部和青海省的部分地区。新疆、西藏的喜马拉雅山脉，昆仑山脉及天山南北、阿尔金山南麓为小水电资源比较集中的地区。华北以及东北的小水电资源主要集中在太行山、燕山、长白山及大兴安岭等地区。

◎资源丰富

中国小水电资源丰富，据初步统计，理论蕴藏量有15亿千瓦，可以开发的资源为7000万千瓦。直到1987年底，已经开发15.8%，具有很大的潜力。在全国2300多个县里面，有1104个县的可以开发资源超过1万千瓦，其中471个县的可开发资源为1～3万千瓦，499个县为3～10万千瓦，134个县超过10万千瓦。

小水电资源的特点是主要分布在远离大电网的山区，所以它不仅是农村能源的重要组成部分，也是大电网的有力补充。

◎小水电特点

小型水电站一直受到人们的重视，而且现在也确实处于较为突出的位置，这是因为：

1. 运行寿命长，坚固耐用，价格稳定，并且水资源是可再生的。对于用电规模较小的边远地区来说，所有这些优点使水力电站成为最具有吸引力的选择对象。

2. 几乎处处都有可以用来发电的小河流。

3. 拥有连接电厂和用电中心的输电网的地区并不多。许多地区，特别是在发展中国家，还必须依赖就地的小型电厂供电。

4. 一般来说，小型水电站造成的环境影响较小。

5. 在工业化国家，常常把小型水电站作为局部地区工业的能源。但在适宜的条件下，小型电站也可并入公用供电系统供电。

6. 当把河水用于其他目的时，如灌溉和供水等，如能同时加上小水电发电系统，往往会更有吸引力。

7. 对已有的大坝和设施上的旧的小型电站进行改建，发电的成本较低，在经济上比较合算。

小水电站开发在土木工程方面的工作主要是建筑大坝、溢洪水道或引水堰以及通向电厂的水道。水通过水道流到电厂，电厂依靠带有机电设备

认识我们身边的水能

的涡轮机将水的位能和动能转换成电能。小水电站一般都是径流式电站，利用的是自然水流，没有蓄水库。对于小型水电站项目来说，建设大坝是不合算的，所以，一般情况下只建造最简单的矮坝或者引水堰。

小水电站在规模上没有优势，单位装机容量成本较高。目前为止，500～10000 千瓦的电站投资成本约为 1500～4000 美元/千瓦。在某些特殊情况下，可能会产生更高的成本。在站址条件特别好的地方，或者当地的投入较为低廉时，成本可能会低一些。通常情况下，每千瓦装机容量的项目成本与装机容量和水头成反比。但是各个设计参数一般是根据当地的条件确定的，可以变更的余地很小。如果在一个现有的供水或者灌溉系统上增加发电系统，往往花费不多。所以，今后应该发展多用途项目，它可很好地成为以后增扩的小水电站的主要平台。对于再小一些的水电站，则更需要重点研究如何降低成本，甚至要不惜牺牲运行效率来达到降低成本的目的。对于那些并非十分重要的功能，就应该舍弃，并且要尽可能的就地取材。

在选择控制装置的时候，需要在装置的复杂性和成本二者之间进行折合，而且选择的时候还要考虑当地拥有什么样的技能。如果想采用简单的人工控制来获得满意的效果，就需要操作人员具有相当高的技能。而高度自动化的电站，重点则是在维护方面，并且需要有足够的备份部件，这就需要更多地依靠外地或国外的支援和进口设备。但是，小水电站的容量为三类：小型（1000～10000 千瓦），小小型（100～1000 千瓦）和微型（小于 100 千瓦）。对于容量很小的微型电站来说，设计越简单，控制系统就越简单，经济上也就越有生命力；而对于容量较大的小水电站来说，由于要确保电站有比较复杂和完善的保护和控制装置，所以投资就大。如果为水电站建造蓄水库，就可以根据用电市场的要求来调节向电站的供水量，从而克服由于河流水量的季节性变化而带来的问题。这样就可以更好地根据实际的用电需求来设计电站的装机容量。对于径流式电站来说，由于没有大的蓄水设施，它的可靠容量也就是地水量的时候的容量，只占装机容量的一小部分。在这样的情况下，所发出的电的价值只相当于被其替代的能源的价值。尽管如此，如果仅仅为一个小水电站建造蓄水库，在经济上是划不来的。

如果小电站能够就地供电，它的经济价值就可以得到提高。不然的话，解决输电问题将会占去电站项目投资很大一部分的资金。如果要建新的专用输电网，情况更是如此。如果输电费用变成电站投资的重要组成部分，就会使电站项目的成本明显上升。

◎小水电的主要设施

水轮机

电站设备的标准化和系列化，中国小型水轮机分为两部分，分别是500千瓦以下和500～10000千瓦。主要机型有两大类，分别是反击式和冲击式。反击式又分为轴流式、混流式和贯流式三种形式。冲击式可以分为为水斗式、斜击式和双击式。贯流式水轮机又分为全贯流和半贯流式。半贯流式水轮机常用灯泡贯流式机组与轴伸贯流式机组。共有转轮系列21个，机组品种85个。

发电机

中国的小型水轮发电机大多数是同步发电机，异步发电机使用相对较少：额定频率为50Hz，功率因数为0.8。320千瓦以下小型水轮发电机的额定电压为400/230V；500千瓦以上水轮发电机，额定电压一般为3.15千伏或者6.3千伏。

调速器

调速器已经定型，有特小型系列，包括TT－35、TT－75、TT－150以及TT－300，为液压、电动操作，通流式。小型系列有XT－300、XT－600、XT－1000，为压力油箱式。电子液压式调速器也已经开始制造并且投入使用。

励磁系统

励磁系统早期一般使用直流励磁机，现在已经广泛使用半导体励磁装置、无刷励磁装置。

水工建筑

中国小水电规模普遍较小，工程比较简单，建设工期相对也短，所以收效较快。在建设中因地制宜，就地取材，尽可能的利用当地材料。小型拦河坝一般采用堆石坝、土坝、浆砌石坝，砌石连拱坝、砌石拱坝、混合坝、双曲拱坝、碾压混凝土坝等。压力水管采用木制水管、钢筋混凝土管、预应力钢筋混凝土管、钢管等。修建小型调节水库，淹没面积少，移民较少。

◎我国政策

中国对发展小水电的政策是：

1. 实行大、中、小并举，全面规划，综合利用，合理开发。

2. 实行统一规划，集中调度，分级管理，地方为主，县为经济实体的管理体制。

3. 自建、自管、自用。

4. 建设资金主要由地方和群众筹集，实行以电养电，即小水电的发电、供电利润不纳入地方财政，全部用于小水电的建设和改造。同时对小水电给予扶持，如贷款优惠和在一定时期内减免税收。

5. 电站建设因地制宜，按规模分别由省、地、县审批，鼓励自制水力发电设备。

6. 并入国家电网后，小水电的所有权和管理权不变。

◎鼓励开发

世界各地，许多发展中国家都制订了一系列的鼓励民企投资小水电的政策。由于小水电站投资小、效益稳、风险低、运营成本相对比较低，国家又有各种优惠政策，所以全国掀起了一股投资建设小水电站的热潮，特别是近年来，由于全国性缺电严重，民企投资小水电就如雨后春笋一般，悄然兴起。国家鼓励合理开发和利用小水电资源的总方针是一定的，自2003年开始，特大水电投资项目也开始向民资开放。2005年的时候，根据国务院和水利部的"十一五"计划和2015年发展规划，中国将对民资投资小水电以及小水电发展给予更多优惠政策。中国小水电可开发量居世界第一位，占全国水电资源可开发量的23％。

◎发展趋势

从容量角度来说，小水电处于所有水电站的末端，它一般是指容量5万千瓦以下的水电站。世界小水电在整个水电的比重大约在5％～6％。中国可开发小水电资源如以原统计数7000万千瓦计，占世界一半左右。而且，中国的小水电资源分布面较广，尤其是广大农村地区和偏远山区，适合因地制宜开发利用，不仅可以发展地方经济解决当地人民用电困难的问题，同样可以给投资人带来可观的效益回报，有很大的发展前景，它将成为中国21世纪前20年的发展热点。

世界上小水电的发展趋势是：

1. 对过去认为开发不经济的坝址重新估价，增加水能效益。

2. 广泛利用现有的水库和大坝，以及供水、输水系统中的水力资源修建小型水电站。

3. 改进设计与施工组织，降低小水电的造价。

4. 从综合利用的角度去研究开发水力资源。

5. 500 千瓦以上的骨干电站将逐年增加，100 千瓦以下的微型电站将逐年减少。

6. 改造现有水电站，使充分发挥效益。研究恢复条件较好、已关闭的小水电站。

7. 统一设备标准，实现小水电站的自动化。

▶ 小链接

·问题展望·

中国许多远离大电网的山区，只有利用当地丰富的水力资源，发展小水电，改善人民生活，解决农副产品加工和乡镇企业、县办工业及其他方面的用电需要。不少山区贫困县把发展小水电作为解决增产粮食与脱贫致富的一项重要措施。小水电的在建规模与投产容量将会出现持续增长的局面。

中国小水电的装机利用小时从 1979 年的 1900 小时提高到 1987 年的 2744 小时，平均每年提高 100 小时，四川省的装机利用小时达 3800 小时。因此，必须加强管理，不断提高效益。在技术上要加强小水电设备的试验研究，逐步提高自动化水平，使运行安全可靠。

研究试制贯流式、灯泡式等水轮发电机组和抽水蓄能机组，建设小型抽水蓄能电站，提高小型水轮发电机组的质量和效率。

加强职工培训，提高运行人员的技术业务水平。

拓展思考

1. 你知道什么是小水电吗？

2. 小水电的规模是如何划分的？

3. 小水电的未来还要面临哪些难题？

世界水电工程的开发

Shi Jie Shui Dian Gong Cheng De Kai Fa

全球水电资源的蕴藏量非常可观，根据相关资料的统计，迄今为止世界上已经估算出的水电资源的理论蕴藏大约为 40000～50000 兆瓦时/年，这里面大约 13000～14000 兆瓦时/年技术上具有开发的可行性。理论上看来，这样的可以依赖当今技术水平开发的水电资源完全可以满足当前全球的用电需求。

※ 哥伦比亚河水电站

◎美国水电开发

美国的国土面积有 937.2614 万平方千米，全国平均年降水量 760 毫米，河流年径流量总计可以达到 30560 亿立方米。技术可以开发水电装机容量 146700 亿兆瓦，年发电量 5285 亿千瓦·小时，经济可开发 3760 亿千瓦·小时/安。但是水能资源分布非常不均匀，太平洋沿岸以及哥伦比亚河流域共 5 个州的水能资源就占到了全国总量的 55%，剩下的 46 个州仅仅占到 45%。

美国的水电开发已经有了 100 多年的历史，据调查统计，1920 年水电装机容量 4800 兆瓦，至 1950 年发展到 18674 兆瓦；1998 年达 94423 兆瓦，其中常规水电站 75525 兆瓦，抽水蓄能电站 18898 兆瓦。

1950 年水电发电量 1010 亿千瓦·小时，1998 年达 3088 亿千瓦·小时，分别为技术可开发水能资源的 19.1% 和 58.4%。

田纳西河流域管理局 1933～1945 年在田纳西河流域进行集中的综合开发。该河流域面积有 10.6 万平方千米，在流域内建成了 38 座综合利用工程，共装机 3300 兆瓦，开发利用程度达 87%。

美国水电开发最集中的地方时哥伦比亚河，它的干流上游在加拿大，中下游在美国境内。在美国境内的干流上已经建成 11 座大型水电站，总

认识我们身边的水能

装机容量为 19850 兆瓦；在各支流上已建成水电站 242 座，总装机容量为 11070 兆瓦。干流、支流合计装机容量 30920 兆瓦，占全国水电总容量的 33％。美国已经建成 1000 兆瓦以上的大型常规水电站 11 座，其中 6 座在哥伦比亚支流上。

美国近期水电发展的趋势：1. 在缺乏常规水能资源的地区发展抽水蓄能电站，配合电站的高压温火电机组在电力系统中担负填谷调峰任务。美国的抽水蓄能电站 1960 年为 87 兆瓦，至 1998 年已发展到 18890 兆瓦，其中装机容量 1000 兆瓦以上的抽水蓄能电站 8 座，最大的是巴斯康蒂抽水蓄能电站，装机容量达 2100 兆瓦。2. 对原有水电站进行扩建，增大装机容量，使原来担负电力系统基荷的改变为担负峰荷。如哥伦比亚河的大古力水电站由过去的装机容量 1974 兆瓦，在 1979 年扩建至 6494 兆瓦，1998 年又增容至 6809 兆瓦。3. 重新对小水电进行开发，对过去为防洪、灌溉、航运而修建的坝和水库，增装机组发电。

◎俄罗斯水电开发

俄罗斯联邦国土面积为 1707.54 万平方千米，年降水量有 600～800 毫米，河流平均年径流总量为 42620 亿立方米。技术可开发水能资源 16700 亿千瓦·小时，其中亚洲部分 14900 亿千瓦·小时，欧洲部分 1800 亿千瓦·小时。1997 年水电装机容量 43940 兆瓦，水电比重 20.4％；水电年发电量 1575 亿千瓦·小时，水电比重 19.4％。水电装机容量与水电年发电量分别食世界第 6 位和第 5 位。

俄罗斯在欧洲部分主要开发伏尔加河以及它的支流卡马河，已经建设梯级水电站 11 座，装机容量共 11320 兆瓦；在亚洲部分主要开发叶尼塞河及其支流安加拉河、汉泰河，已经建设大水电站 7 座，装机容量共 22970 兆瓦。

俄罗斯已建装机容量 1000 兆瓦以上的大水电站，除此以外，在建的大水电站还有：安加拉河的鲍古昌 3000 兆瓦，远东地区的布列亚 2000 兆瓦等。

◎加拿大水电开发

加拿大国土面积为 997.6 万平方千米，技术可开发水能资源为 9810 亿千瓦·小时，按人口平均每人 3.454 万千瓦·小时，相当于全世界平均每人约 2400 千瓦·小时/安的 14 倍。

加拿大开发水电相对较早，过去水电比重在 90％以上，1998 年水电比重按装机容量计为 56.6%，按年发电量计为 62%，长期以来都以水电为主。1998 年水电装机容量为 65726 兆瓦，占到世界第 2 位；水电年发电量 3500 亿，为世界首位。其水能资源开发利用程度 35.7%。加拿大的水能资源，在一次能源总消费的构成中占 25%，是世界各国中比较高的。

加拿大的水能资源以东部的魁北克省和西部的不列颠哥伦亚省为最多，共占全国 12 个省区的 56%。这 2 个省的水电比重一直在 90% 以上，它们都与美国的相邻地区联网，并向美国售电。

加拿大的水电开发，最早的时候主要在人口较多和经济发达的南部地区，近期转向北部边远地区，比如魁北克省东部的马尼夸根河和乌塔尔德河、纽芬兰省的丘吉尔河、马尼托巴省的纳尔逊河、不列颠哥伦比亚省的哥伦比亚河上游和皮斯河等。20 世纪 70 年代开始，在詹姆斯湾地区集中开发拉格郎德河。该河位在北纬 53。以上的严寒地区，居民稀少，交通不便，建设条件比较困难。从 1973 年开始，陆续开工流水作业兴建 3 座大水电站，装机容量分别为 5330 兆瓦、2300 兆瓦和 2640 兆瓦，至 1985年即 12 年内完成全部 10270 兆瓦的装机。其后转而进行该河第 2 期工程的 5 座水电站的建设。除此以外，还将开发该区附近的两条河流。

加拿大在一些河流开发中所建水库较大，库容系数为 0.63～1.28，调节性能很好。

◎巴西水电开发

巴西国土面积为 854.74 万平方千米，年降水量平均在 1954 毫米，河流平均年径流总量为 69500 亿立方米，居世界各国之冠。全国理论水能蕴藏量 30204 亿千瓦·小时/安，技术可开发 13000 亿千瓦·小时/安，经济可开发 7635 亿千瓦·小时/安。

巴西水能资源主要分布在三大水系：东北的圣弗朗西斯科河水系，占8.6%；东南地区的巴拉那河水系，占 27.2%；北部的亚马孙地区，占46.3%；其他小支流占 17.9%。

巴西 1950 年的时候水电装机容量仅有 1540 兆瓦，居世界第 12 位；1998 年发展到 56481 兆瓦，一跃成为世界第 4 位，仅次于美国、加拿大、中国。从 1950～1998 年的 48 年里面，水电装机容量平均年增长率达7.8%，是水电发展很快的国家。1998 年水电年发电量 3012 亿，相对其可开发水能资源的开发利用程度为 23.2%。

巴西的电力工业一直以来都是以水电为主，1998 年的水电比重按装机容量计为 92.1%，按年发电量计为 93.5%。巴西的电力在能源总消费量中的比重，1974 年为 20.4％，1984 年的时候增加到 32.3％，这样就使得石油和天然气消费量的比重大幅度的降低，减少对外来能源的信赖性。这是巴西长期坚持的能源和电力发展政策。

巴西的水电开发，最早的时候是在经济比较发达的东南地区开发沿海的一些小河流，以中小型水电站为主；20 世纪 60 年代的时候开始开发巴拉那河流域，先支流后干流，先上游后下游。巴拉那河干流已建大型水电站 4 座，总装机容量 19030 兆瓦；各支流已建水电站 27 座，总装机容量 27900 兆瓦；干支流合计已经建设 46930 兆瓦。

圣弗朗西斯科河已经建设大型水电站 5 座，共计装机容量 11450 兆瓦。

亚马孙河是世界上最大的河流，流域大部分在巴西境内，干流河道很宽，比降较缓，没有考虑建水电站，而各支流的水能资源则很丰富，但位于人口稀少的边远丛林地区，开发很少，仅在小支流上建了一些中小型水电站。20 世纪 70 年代以后，巴西有意转向开发边远地区，在亚马孙地区东部的托坎廷斯河上兴建图库鲁伊水电站，并且利用当地丰富的铁矿和铝矾土矿等资源，发展北部地区的经济。

巴西大力开发水电能源，自 1963 年在巴拉那河支流格兰德河上游建成具有龙头水库作用的第 1 座 1216 兆瓦的福尔纳斯水电站以来，已经建成 1000 兆瓦以上的大水电站 23 座，1975 年同时开工建设两座规模巨大的水电站：一座是图库鲁伊水电站，设计装机容量 8000 兆瓦，初期装机 4245 兆瓦。两座水电站都于 1984 年开始发电；另一座在南部，与巴拉寺合建世界最大的伊泰普水电站，装机容量 12600 兆瓦。伊泰普水电站于 1991 年建成，1998 年进行二期装机 1400 兆瓦，2002 年投入运行，总装机容量达 14000 兆瓦。图库鲁伊水电站于 1992 年建成，1999 年扩建第二厂房，装机 4125 兆瓦，2002～2004 年投入运行，总装机容量可达 8370 兆瓦。

◎挪威水电开发

挪威国土面积 38.69 万平方千米。平均年降水量为 1380 毫米，降雪较多；山地和高原面积占全国国土面积的 2/3，高原湖泊很多，地形高差大，水能资源较丰富。理论水能蕴藏量 5600 亿千瓦·小时/安，技术可开发水能资源 2000 亿千瓦·小时/安，按人口平均每人 46189 千瓦·小时/安，相当于世界人均数约 2400 千瓦·小时/安的 19 倍，是世界最高的。

挪威于 1885 年建成第一座小水电站，1950 年水电装机容量为 2900

兆瓦，1998 年增加到 27410 兆瓦。1998 年水电装机容量占电力总装机容量的 98.9%，水电发电量 1163 亿千瓦·小时，占总电量的 99.4%。水能资源开发利用程度达 58.2%。挪威的电力开发特点：1. 1998 年总消费电量按人口平均每人达 27864 千瓦·小时，为美国的两倍多，为日本的 3.3 倍，电气化程度较高。2. 水电在电力工业中的比重长期维持在 99% 左右，几乎全部靠水电。3. 水能在总能源消费量的比重相当大，1970 年为 37%，1998 年上升到 49%。

挪威许多水电站的调节性能都很好，利用天然的高山湖泊和兴建的水库群蓄存的水能达 633 亿千瓦·小时/安，大致相当于年发电量的 60%，可以根据要求放水发电，供电性能良好。

挪威所建水电站的水头较高，70% 水电容量的水头在 200 米以上，最高达 1100 米。水电站水头愈高，一般单位功率造价愈低。

挪威所建水电站大多地质条件较好，采用长隧洞和地下式厂房的较多，80% 装机容量的水电站厂房设在地下，很多隧洞不衬砌。地下工程可全年施工，不受寒暑和雨雪影响，还可避免滑坡问题，管理和维护费用也较低。

挪威所建水电站以中型为主，10～200 兆瓦的水电站占容量的 60%。大型水电站不多，已建 1000 兆瓦以上的大型水电站只有两座。另一座为西玛水电站，从南北两个高山湖泊水系引水发电。南部的赛西玛水系引水 80 立方米/秒，水头 894 米，装机两台，各 310 兆瓦，共 620 兆瓦。一座为克威尔达尔引水式水电站，装机容量为 1200 兆瓦，最大水头 538 米，1987 年建成。北部的郎西玛水系引水 51.7 立方米/秒，水头 1149 米，装机两台，各 250 兆瓦，共 500 兆瓦。电站的总装机容量 1120 兆瓦，在 1981 年建成。

挪威利用 35% 的廉价水电发展铝、镁、铁合金和碳化硅等耗电工业，将它的产品的 80%～90% 出口，等于以水电出口赚取外汇。

挪威在北欧电力合作组织里面起到了重要的作用，与邻国瑞典和丹麦有多种汇输电线路相联网。当夏季邻国电能有余时以低价买进，把自己的水能尽量储存在高山湖泊和水库群中；到冬季邻国电力负荷高峰期时再以高价卖出。电力输出和输入相抵后，每年净输出几十亿千瓦小时的电量，取得显著的经济效益。

◎日本水电开发

日本国土地面积为 37.78 万平方千米，其中山地和丘陵约占 3/4。平均年降水量有 1400 毫米，河流平均年径流量 5470 亿立方米。河流坡陡流急，水能资源比较丰富。技术可开发水能资源1356亿千瓦·小时/安，经济可开发1143亿千瓦·小时/安。按国土面积平均，每平方千米技术可开发水能资源35.9万千瓦·小时/安，为世界平均数10.7万千瓦·小时/安的3.3倍。

日本燃料资源非常贫乏，煤、油、气都要靠进口，水能资源是国产的主要能源。从1892年建成第1座小型水电站以来，长期执行"水主火从"的电力工业方针，过去水电比重曾达80%～90%，直至1960年还超过50%。后来利用进口廉价石油大量发展火电。20世纪70年代以来又一直积极的发展核电，水电比重呈逐步下降趋势。1998年水电装机容量为45343兆瓦其中包括抽水蓄能，年发电量为1026亿千瓦·小时，分别占电力总装机容量和总发电量的18.1%和9.6%。日本的水能资源开发利用程序已经达到75.5%。

日本没有大的河流，而中小河流却有很多，水电开发以10～200兆瓦的中型水电站为主，10兆瓦以下的小型水电站也不少，最大的常规水电站装机容量为380兆瓦。已经建成的200兆瓦以上的大型水电站共有7座，合计装机容量2150兆瓦，占常规水电总装机容量21390兆瓦的10%。

日本初期所建造的水电站大都为引水式径流电站，20世纪50年代以来才修建具有水库调节性能的较大水电站，但大多在山区河流的深山峡谷中建坝，所得库容不大。如已建的100米以上的高坝50多座，其中最高的黑部第四拱坝，高186米，总库容仅为2亿立方米；最大的水库为奥只见水库，重力坝高157米，总库容也只有6.01亿立方米。

日本从20世纪70年代开始，对一些河流进行了重新开发，废弃了原有的小水电站，重建较大水电站，使得水能资源得到了更好的利用。比如说手取川上原有小水电站19座，共计装机容量132兆瓦，重新开发后，新建3座较大水电站，总装机容量达367兆瓦，为原有容量的近3倍；再如新高濑川原有小水电站27.4兆瓦，改建成1座大型抽水蓄能电站后，装机容量1280兆瓦，为原有容量的47倍。

日本大量发展高参数火电机组和核电站，这些电站只适宜担负电力系统基荷，缺乏调峰容量，而可开发的常规水电站地址又不多，因此大量兴建抽水蓄能电站。1960年抽水蓄能电站装机容量仅72兆瓦，至1998年已发展到23953兆瓦，居世界首位。这些抽水蓄能电站装机容量大多在200兆瓦以上，其中1000兆瓦以上的有12座，最大的为奥多多良木抽水蓄能电站，初期装机1212兆瓦，1976年建成，1996年开始扩建720兆瓦，1998年建成，共达1932兆瓦。

◎瑞士水电开发

瑞士国土面积为 41293 平方千米，境内多高山，地形差异很大。山区年降水量高达 2000～3000 毫米，谷地 600～700 毫米，平均 1470 毫米。河流平均年径流量 535 亿立方米。冬季积雪量大，在春末夏初的融雪季节，径流集中，流量较大。森林植被覆盖很好，河流泥沙含量很少。

瑞士的技术可开发水能资源有 410 亿千瓦·小时/安，平均每平方千米有 99.3 万千瓦·小时/安，是世界平均数 10.7 万千瓦·小时/安的 9.3 倍，为世界上水能资源最集中的国家。

瑞士在 1882 年建成了第一座小型水电站，它的电力工业一直以水电为主，过去水电比重长期在 90％以上，直到 20 世纪 70 年代才开始有所下降。1998 年全国水电装机容量 11980 兆瓦，年发电量 345 亿千瓦·小时，分别占电力总容量和总发电量的 74.3％和 56.3％。瑞士水能资源开发利用程度高达 84.1％，瑞士对它的天赋的水能资源，不论是河流的大小还是落差的高低，都精打细算和千方百计地加以利用，并且常常跨流域引水取得更大的水头。为了充分利用高山溪流分散的水能资源，常把许多小溪小沟的细流，通过沿山修建的长隧洞和管道集中到一个水库后引水发电。有的小溪流引水处比较低，还建水泵站抽水注入水库，而利用它发电时所得的水头比抽水扬程高出许多，仍属经济，这也是一种抽水蓄能的方式。

瑞士在高山峡谷区所建的高坝不少，坝高在 100 米以上的有 25 座，其中超过 200 米的有 4 座。最高的是大狄克逊坝，高达 285 米，是世界上已经建设并投入使用最高的重力坝；它的总库容 4 亿立方米，是瑞士最大的水库，初期所建支墩坝高 87，1934 年建成香多林引水式水电站。水头 1672 米，装机容量 142 兆瓦。1961 年建成 285 米高坝后，将老坝淹没并加建飞虹纳和南达连续引水式水电站，水头分别为 878 米和 1013 米，装机容量分别为 321 兆瓦和 384 兆瓦。1998 年又另外修建了通过长 15.9 千米的隧洞引水，水头 1883 米，安装 3 台各 400 兆瓦冲击式机组，装机容量 1200 兆瓦的克留逊水电站。前后由大狄克逊高坝水库引水的 4 座水电站，总装机容量达 2047 兆瓦。这是世界上已经修建的水头在 1000 米以上的最大水电站，所用 400 兆瓦冲击式机组，也是世界上最大的高水头机组。这种水电站主要担负峰荷，还可以在丰水期多蓄水少发电，待枯水期多发电，这样可以补偿径流电站的不足。

瑞士在平原地区也建有不少低水头径流式电站，担负电力系统中的基荷。这些电站承担了全国水电发电量的40％左右。

　　瑞士的水电站，除了大狄克逊·克留逊水电站以外，最大的装机容量为380兆瓦。据1978年统计，200兆瓦以上的大水电站有12座，它的装机容量占水电总容量的29％；10～200兆瓦的中型水电站152座，占66％，是主力；10兆瓦以下的小水电站2136座，占5％。

　　瑞士在西欧联合大电网中占据着重要的位置，与相邻的奥地利、意大利、法国、德国有29条输电线路联网。通常情况下是夜间低谷的时候输入廉价电能，白天高峰的时候输出高价电能，丰水期有多余电能时也输出，总计输出多于输入。

▶ 小 链 接 ◀

·中国水电产业发展现状·

　　水电是清洁能源，可再生、无污染、运行费用低，便于进行电力调峰，有利于提高资源利用率和经济社会的综合效益。在地球传统能源日益紧张的情况下，世界各国普遍优先开发水电大力利用水能资源。中国于2005年2月份颁布的《可再生能源法》，鼓励包括小水电在内的可再生能源的开发。

　　中国不论是水能资源蕴藏量，还是可能开发的水能资源都居世界第一位。截至2007年，中国水电总装机容量已达到1.45亿千瓦，水电能源开发利用率从改革开放前的不足10％提高到25％。水电事业的快速发展为国民经济和社会发展作出了重要的贡献，同时还带动了中国电力装备制造业的繁荣。三峡机组全部国产化，迈出了自主研发和创新的可喜一步。小水电设计、施工、设备制造也已经达到国际领先水平，使中国成为小水电行业技术输出国之一。

　　此外，中国水电产业各项经济指标增长较快。2007年1～11月，中国水力发电行业累计实现工业总产值93,826,334千元，比上年同期增长了20.88％；累计实现产品销售收入89,240,772千元，比上年同期增长了20.17％；累计实现利润总额24,689,815千元，比上年同期增长了35.91％。2008年1～8月，中国水力发电行业累计实现工业总产值77,284,104千元，比上年同期增长了25.14％；累计实现产品销售收入78,176,606千元，比上年同期增长了26.59％；累计实现利润总额18,007,801千元，比上年同期增长了14.03％。

　　中国经济已进入新的发展时期，在国民经济持续快速增长、工业现代化进程加快的同时，资源和环境制约趋紧，能源供应出现紧张局面，生态环境压力持续增大。据此，加快西部水力资源开发、实现西电东送，对于解决国民经济发展中的能源短缺问题、改善生态环境、促进区域经济的协调和可持续发展，无疑具有非常重要的意义。另外，大力发展水电事业将有利于缩小城乡差距、改善农村生产生活条件，对于推进地方农业生产、提高农民收入、加快脱贫步伐、促进民族团结、维护社会稳定，具有不可替代的作用。水电开发通过投资拉动、税收增加和相关服务业的发展，将把地方资源优势转变为经济优势、产业优势，以此带动其他产业发展，形成支撑力强的产业集群，有力促进地方经济的全面发展。

| 拓展思考 |

1. 美国的水电开发有多少年的历史了?
2. 瑞士河流平均年径流量为多少?
3. 你了解中国目前的水电发展状态吗?

认识我们身边的水能